말하지 않고 동물과 대화하는 법

동물과 마음을 나누고 싶은 당신을 위한 실질적인 가이드

말하지 않고 동물과 대화하는 법

동물과 마음을 나누고 싶은 ——— 당신을 위한 실질적인 가이드

피 호슬리 — 정지인 옮김

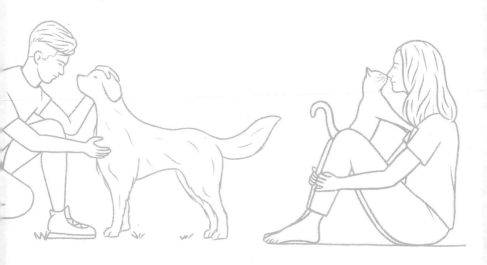

김영사

말하지 않고 동물과 대화하는 법

동물과 마음을 나누고 싶은 당신을 위한 실질적인 가이드

1판 1쇄 인쇄 2020. 3. 30.
1판 1쇄 발행 2020. 4. 8.

지은이 피 호슬리
옮긴이 정지인

발행인 고세규
편집 태호 디자인 정윤수 마케팅 백미숙 홍보 최정은
발행처 김영사
등록 1979년 5월 17일(제406-2003-036호)
주소 경기도 파주시 문발로 197(문발동) 우편번호 10881
전화 마케팅부 031)955-3100, 편집부 031)955-3200 | 팩스 031)955-3111

값은 뒤표지에 있습니다.
ISBN 978-89-349-9550-0 03520

홈페이지 www.gimmyoung.com   블로그 blog.naver.com/gybook
페이스북 facebook.com/gybooks   이메일 bestbook@gimmyoung.com

좋은 독자가 좋은 책을 만듭니다.
김영사는 독자 여러분의 의견에 항상 귀 기울이고 있습니다.

이 도서의 국립중앙도서관 출판예정도서목록(CIP)은 서지정보유통지원시스템 홈페이지
(http://seoji.nl.go.kr)와 국가자료공동목록시스템(http://www.nl.go.kr/kolisnet)에서
이용하실 수 있습니다. (CIP제어번호 : CIP2020008373)

6개월 된 아기 고양이로 내 인생에 들어와
내내 강한 치유의 힘이 되어준,
내 친구이자 공저자 렉사스에게 바칩니다.
너는 나의 전부란다.
사랑해!

Contents

연습

명상 🎧

들어가며

저는 애니멀 커뮤니케이션^{animal communication}이란 것이 존재한다는 사실조차 몰랐던 사람입니다. 2004년에 저는 런던의 웨스트엔드에서 극장 무대감독으로 일하며 영국 전역과 세계 곳곳으로 순회공연을 다니고 있었지요. 그러다가 제 인생의 첫 개를 입양했는데, 그 후로 제 삶은 달라졌습니다. 정말 사랑스러운 비글 잡종인 모건이 제 삶에 들어오면서 제 삶의 방향도 완전히 새로워졌어요. 말하자면 모건은 저의 촉진견이었습니다. 제게 애니멀 커뮤니케이션을 소개한 장본인이 바로 모건인데, 이제는 제가 여러분에게 그것을 소개하려고 합니다. 여러분은 저를 촉진자라고 불러도 되겠네요.

애니멀 커뮤니케이션에 관해 탐구하기 전에, 제가 거쳐 온 삶의 여정을 간단히 설명하려고 합니다. 제가 애니멀 커뮤니케이션으로 나아가게 된 행로가 여러분이 동물과 커뮤니케이션하는 길에 들어서는 데, 나아가 계속 그 걸음을 이어가는 데 영감이 되었으면 좋겠습니다.

처음부터 제게 애니멀 커뮤니케이션의 재능이 있었을까요? 아니에요. 처음 시작할 때 저는 애니멀 커뮤니케이션에 관해 아무것도 몰랐고, 오히려 상당히 회의적이었지요. 저는 확실한 증거를 좋아하는 사람이었거든요. 그 증거가 제 앞에 나타난 것은 제가 처음으로 애니멀 커뮤니케이션 워크숍에 참석했을 때였습니다.

모건을 메이휴 동물구조단에서 데려온 후 저는 자기 집에 누워 있는 모건에게서 깊은 슬픔을 느꼈어요. 저는 고양이들과 함께 자라 개에 대해서는 아는 게 없었고, 그래서 왠지 제가 뭔가를 잘못하고 있다는 생각이 들었죠. 그러다가 구조단에서 보낸 애니멀 커뮤니케이션 워크숍에 관한 메일을 보고, '잘 됐어, 이번에 내가 모건에게 뭘 잘못하고 있는 건지 알아내야겠어' 하고 생각했답니다. 당시 저는 애니멀 커뮤니케이션이란 단순히 동물의 신체언어를 읽어내는 것이라고 알고 있었거든요.

그렇게 워크숍에 참석한 저는 다른 19명의 참석자와 빙 둘러앉아, 동물과 자유자재로 대화할 수 있는 '닥터 두리틀Doctor Dolittle'*과 비슷한 이야기들을 들었어요. 강사는 동물에게 말을 걸고 다시 그들에게서 대답을 듣는 일이 어떻게 가능한지 설명했지요. 다른 19명의 사람은 의자 가장자리에 걸터앉아 울면서 그 이야기를 들었지만, 저는 팔짱을 끼고 두 다리를 꼰 채 앉아 있었고, 얼굴은 잔뜩 찡그리고 있었어요. 말도 안 되는 헛소리라고 생각했지요. 저는 단 한마디도 믿지 않았어요. 그것은 제가 편히 받아들일 수 있는 영역이 아니었을 뿐 아니라 제가 살면서 겪어온 경험과는 너무나 동떨어져 있었기 때문이죠. 점심시간이 되면 그냥 가야겠다고 작정하고 있었어요. 하지만 어째선지 저는 계속 남아 있었어요.

그건 정말 잘한 일이었습니다. 그다음에 믿기 어려운 일이 일어났기 때문이죠. 오후에 우리는 짝을 지어 서로 상대방의 동물과 커뮤니케이션을 해보는 시간을 가졌는데,

---

* 영국의 아동문학 작가 휴 로프팅Hugh John Lofting의 '닥터 두리틀' 시리즈 소설을 말하는 것으로, 동물과 대화를 할 줄 아는 시골 의사 두리틀의 모험 이야기를 다룬다. 이 소설은 영화로도 제작되었다.

저는 참석자들이 그들로서는 도저히 알 수 없는 정보를 얻어내는 모습을 목격했어요. 알 수 없는 정보인 이유는 첫째, 상대편 동물과 그 반려인이 그들과는 전혀 모르는 사이였기 때문이고, 둘째로 그 동물의 사진을 가지고 작업 했으므로 동물의 신체언어를 기반으로 결론을 내리는 것이 불가능했기 때문이에요. 저도 잘 알아요, 기이한 일이라는 걸요. 그런 일이 어떻게 가능하죠? 그건 뒤에서 자세히 이야기할게요.

워크숍 진행자들은 우리에게 상대편의 동물 사진을 뒷면이 위로 오게 들고 그 동물의 종種이 무엇인지 느껴보라고 말했어요. 저는 '대체 그런 걸 왜 하라는 거야?' 하고 생각했죠. 게다가 사실 그건 별 의미도 없을 것 같았어요. 우리는 센트럴 런던에 있었고, 그러니 그 동물은 개나 고양이 아니면 토끼일 가능성이 아주 컸으니까요.

저는 뒤집은 사진을 두 손 사이에 끼운 채 조용히 질문을 던졌어요. '너는 무슨 종이니?' 그러자 머릿속에서 단어 하나가 들려왔어요. '토끼.' 사진을 뒤집어보고 맞는 답이었음을 알았죠. 전 운 좋게 때려 맞힌 거라고 생각하고 넘어갔어요.

그런 다음 그들은 동물에게 몇 가지 질문을 던져보고 무엇이든 떠오르는 것을 다 적어보라고 했어요. 첫 질문은 '제일 좋아하는 음식이 뭐니?'였지요. 저는 소리 내지 않고 마음속으로 그 질문을 반복하다가 문득 꿈에서 보는 이미지 같은 것이 마음속에 떠올랐어요. 초록 잎들이었죠. 그러나 토끼 반려인은 그게 그 토끼가 제일 좋아하는 음식이 아니라고 했어요.

그 단계에서 '그래, 이건 안 되는 거야'라거나 '거봐, 나는 이런 거 못 해'라고 단정해버리기는 아주 쉬웠을 거예요. 그러나 뭐든 새로운 일을 시작할 때는 보통 그런 식으로 시작되는 거잖아요. 영국 육상 국가대표 모하메드 파라Mohamed Farah도 처음부터 금메달리스트는 아니었고, 자메이카 육상 국가 대표 우사인 볼트Usain St. Leo Bolt도 처음부터 지구에서 가장 빠른 사람은 아니었죠. 그들은 연습을 했어요. 그것도 어마어마하게 많이.

두 번째 질문은 '제일 친한 친구는 누구니?'였어요. 이번에도 저는 이미지 하나를 보았는데, 에스프레소색을 가진 토끼였어요. 알고 보니, 그 토끼에게는 진짜 그런 털색을 가진 토끼 친구가 있었고, 둘은 부부 같은 짝이라고 했어요. 또 한 번 운 좋게 들어맞았다고 생각했죠.

그런 다음 세 번째 질문이 나왔어요. '제일 좋아하는 활동은 뭐니?' 저는 소파 하나가 떠올랐지만 바로 무시해버렸어요. 집 안에서 생활하는 토끼일 줄은 몰랐거든요. 그런데 왜 소파였을까요? 알고 보니, 제일 좋아하는 활동이 TV 보기였던 거예요. 정말 그랬어요. 그 토끼는 매주 토요일 저녁이면 소파에 앉아 〈유브 빈 프레임드!You've Been Framed!〉*를 봤대요. 농담이 아니에요.

솔직히 저는 그러고도 제가 정말로 동물과 커뮤니케이션을 했다고 확신하지 않았어요. 제 주목을 끈 것은, 저와 전혀 모르는 사이인 제 파트너가 제 황갈색 고양이 텍사스의 사진을 들고서 매우 독특한 우리 집 복도를 묘사한 것이었어요. 그녀는 우리 집 소파가 어디에 놓여 있고 무슨 색깔인지, 정원에서 텍사스가 무엇에 올라앉아 있기를 좋아하는지, 그것이 어디에 있는지까지 말했어요. 마치 텍사스가 저 몰래 그녀를 우리 집에 데려와 구석구석 구경시켜준 것만 같았죠. 정말 어안이 벙벙했어요. 저는 어떻게 그런 일이 가능했는지 알고 싶어졌어요.

---

* 일반인들이 보낸 재미있는 홈비디오를 방송하는 영국의 TV 프로그램.

그날이 제 삶의 전환점이었어요. 지나고 생각해보니 제게는 촉진묘도 있었던 것 같네요. 그날 텍사스가 대화를 하지 않겠다고 마음먹었다면 이후의 일들은 아주 많이 달라졌을 테니까요.

동물을 사랑하는 한 사람으로서 저는 더 알고 싶었어요. 그게 정말 실제로 일어나는 일이라면, 그 일은 훨씬 더 큰 의미를 품고 있을 테니까요. 제가 아는 동물, 그리고 우리 집 정원에 사는 동물, 나아가 사자나 돌고래 같은 야생 동물과도 이야기를 나눌 수 있을지도 모르잖아요. 이렇게 서로 다른 다양한 종과 커뮤니케이션을 한다는 것이 어떤 느낌일지, 그리고 그들이 표현하고 싶어 하는 것은 무엇일지도 궁금했어요. 여기저기에서 질문들이 샘솟기 시작했죠. 그들이 무엇을 느끼고 무엇을 사랑하고 무엇을 두려워하는지, 그리고 자신의 삶과 인간에 대해서는 어떻게 생각하는지 알게 된다는 건 생각만 해도 신이 났어요. 그들이 우리에게 들려줄 충고가 있을까? 지구를 위해 어떻게 해야 하는지 우리에게 말해줄 수 있을까?

저는 더 알고 싶은 마음에 또 다른 워크숍에 참가했고, 바로 거기서 깨달음의 순간을 맞이했어요. 제가 애니멀 커뮤니케이션을 직업으로 삼고 싶어 한다는 것을 깨달은 거죠. 그전에 이미 극장 일을 그만두고 제 첫사랑인 동물과 관련된 일을 해야겠다고 결심한 터였지만, 그게 어떤 일이 될지는 아직 알지 못했거든요. 동물과 관련된 직업 수십 가지를 검토해봤지만, 그중 어느 것도 제가 찾는 일은 아니었어요. 모건이 제 인생에 나타나 저를 애니멀 커뮤니케이션의 세계로 안내하고 난 후에야 비로소 이게 바로 제가 찾던 그 일임을 깨달을 수 있었죠. 애니멀 커뮤니케이션은 제가 늘 이끌리고 있었던 바로 그 직업이었어요. 단지 그 일을 뭐라고 부르는지, 심지어 그런 일이 존재하는지도 몰랐을 뿐이죠.

그 후 12달 동안 저는 그 꿈을 이루는 데 필요한 모든 일을 했습니다. 저는 진심으로 동물을 향한 제 열정을 표현하고 싶었고, 그들의 삶과 안녕에 긍정적인 변화를 만들고 싶었어요. 저는 15년 동안 해럴드 핀터와 에드워드 폭스, 리처드 윌슨, 워런 미첼 같은 사람과 함께 매우 화려한 커리어를 쌓아왔지만, 이제는 그보다 더 하고 싶은 일, 정말로 제게 불을 붙여 빛을 발할 일을 찾아낸 거예요.

몇 달 뒤, 저는 우리 집 뒤뜰에서 은색 파라솔이 설치된

테이블에 앉아 사례 연구 하나를 가지고 애니멀 커뮤니케이션을 연습하고 있었어요. 그 일이 끝난 뒤 저는 의자에 기대앉아 햇살과 도심의 정적을 즐기고 있었죠. 그때 뭔가가 제 주의를 사로잡아 제 왼손 위로 시선을 돌렸어요. 금속성의 녹색 빛을 띤 파리 한 마리가 제 왼손에 내려앉았죠. 문득 파리도 제 말을 들을 수 있을지 궁금했어요.

"안녕." 저는 소리 내어 파리에게 인사를 건넸어요.

날아가버릴 거라고 생각했지만 파리는 그대로 제 손에 앉아 있었고, 왠지 다음 말을 기다리고 있는 것처럼 느껴졌어요. 이것은 제가 곤충과 커뮤니케이션을 시도한 첫 사례였는데, 정말로 파리와 말이 통한 것인지 확신할 수는 없었죠. 그래서 파리에게 이렇게 말했어요.

"내 말을 들을 수 있다면, 이 파라솔 주위를 한 바퀴 돌고 다시 내 손에 앉아주겠니?"

파리는 한순간의 망설임도 없이 제 손을 떠나 시계 반대 방향으로 파라솔 주위를 한 바퀴 돌고 다시 제 왼손에 내려앉았어요.

"정말 놀랍구나."

저는 파리의 밤색 눈을 들여다보며 물었어요.

"한 번 더 해줄 수 있어?"

파리는 다시 날아올랐고 햇빛이 그 투명한 날개에 반사
됐어요. 이번에도 파리는 시계 반대 방향으로 한 바퀴를
돌고 다시 제 왼손에 내려앉았답니다. 두 번 다 시계 반대
방향이었고, 두 번 다 제 왼손이었어요. 우연의 일치였을
까요? 아니면 파리가 제 말을 알아듣고 제 요청을 받아들
였던 걸까요? 다시 말했어요.

"부탁인데, 파라솔 주위를 한 번만 더 날아줘. 네가 그렇
게 해주면 애니멀 커뮤니케이션이 가능한 일인지 다시는
의심하지 않을게. 약속해."

질문이 끝나는 순간 파리는 바로 공중으로 날아올라 이
번에도 시계 반대 방향으로 파라솔 주위를 날았고, 그런
다음 제 왼손에 앉았어요. 그러고는 기대에 찬 모습으로
저를 올려다보았죠. 마치 제 반응을 기다리는 것 같았어요.

"정말 굉장해! 고마워!"

저는 정말 놀라워하며 말했죠. 흥분과 경이로움, 존경이
뒤섞인 복잡한 감정이 차올랐어요. 고맙다는 인사를 하자
마자 파리는 마치 저를 상대로 한 임무를 완수했다는 듯
바로 날아가버렸어요. 저는 그 자리에 계속 남아 방금 일

어난 모든 일을 곱씹었어요. 그렇게 작은 동물과도 커뮤니케이션이 가능하다는 것을 경험한 것이 엄청난 축복으로 여겨졌죠.

제게 더 중요했던 것은, 그 파리가 마침내 제 의심을 싹 거둬갔다는 점이에요. 그 순간부터 저는 이 새로운 깨달음을 바탕으로 다른 종들에게도 접근하기 시작했지요. 이제는 파리가 집 안으로 들어오면 없애버릴 방법을 생각하는 게 아니라 문이나 창을 열고 떠나달라고 부탁한답니다. 때로는 "여기가 나가는 길이야" 하고 길 안내를 해주기도 하고요. 이 방법은 거의 성공해요. 대개는 파리도 뜻하지 않게 집 안으로 들어오게 된 것이라 얼른 다시 나가고 싶어 하거든요.

2006년에는 제 신념을 믿고, 극장 일을 그만두고 이 일을 새롭게 시작하겠다는 과감한 결정을 내렸습니다. 그 후로는 계속 풀타임으로 동물과 일해왔어요. 8세부터 89세까지의 사람들을 대상으로 워크숍을 진행하고 있고, 전 세계를 돌아다니고 있지요. 정기적으로 야생동물의 자연서식지에서 커뮤니케이션을 기반으로 하는 리트릿^{retreat}을 열어왔고, 소규모의 그룹과 함께 이집트와 파나마, 하와이로 가서 돌고래와 거북이, 고래와 쥐가오리 등 전 세계 수천 마리의 동물과 커뮤니케이션을 해오고 있습니다. 또한 사람들에게 그들의 동물과 커뮤니케이션하는 방법을 가르쳐주고 상담도 해왔지요.

이 일은 제 소명이라고 느껴왔어요. 그 자체로는 아주 단순하지만 인간과 인간 이외의 동물 모두에게 심오한 치유의 결과들을 가져오는 방법을 나누는 애니멀 커뮤니케이터라는 것이 제게는 아주 명예로운 일입니다. 저는 진심으로 애니멀 커뮤니케이션이 우리 모두가 갖고 태어난 초능력이고, 우리 모두가 사용할 수 있는 도구이며, 자연계와 사랑 가득한 관계를 다시 맺기 위해 사용할 수 있는 가장 효과적이고 즉각적인 방법이라고 믿고 있습니다.

물론 저는 아직 모든 답을 알고 있지 못해요. 하지만 이 책에서 저는 제가 직접 시행착오를 거치며, 분투하고 성공하며 배운 것들 가운데 가장 유용한 요소들을 여러분과 나눌 거예요.

동물과 커뮤니케이션할 수 있는 능력에는 어마어마한 힘이 담겨 있습니다. 그것은 우리와 우리의 동물, 그리고 우리가 만나게 되는 모든 동물에게도 도움이 됩니다. 개인적으로도 그렇지만, 다른 동물에게 치유와 건강과 조화를 가져다줄 수 있는 일상적 선택들의 파급효과를 통해서도 우리는 차이를 만들 수 있는 기회를 갖게 되지요.

여러분은 자신의 반려동물과 어쩌면 야생동물, 바다와 하늘에 사는 동물과도 대화를 나눌 수 있는 방법만을 배우게 될 거라고 생각할지도 모르겠습니다. 실제로 여러분은 훨씬 더 많은 것을 배우게 될 거예요. 무엇보다 여러분은 '가슴으로 듣는 법'을 배우게 될 겁니다.

본질적으로 애니멀 커뮤니케이션은 우리에게 '더욱 잘 알아차리는 사람' '더욱 잘 연결하는 사람' '더욱 존중할 줄 아는 사람'이 되도록 가르쳐줍니다. 서로 연결된 생명의 그물망을 잘 의식하게 되면, 그 의식은 자연계를 보호하고 풍성하게 만들 영감이 될 겁니다.

저는 여러분이 애니멀 커뮤니케이션을 배우면 곧 동물과의 놀라운 연결들을 경험하게 될 거라고 장담합니다. 시간이 지나면서 여러분도 깨닫게 되겠지만, 그것은 아주 실용적이고 치유적이며 사랑 가득하고 마음을 확장해주며 믿을 수 없을 만큼 깊이 있는 일이랍니다.

이 책은 여러분의 삶을 바꿔놓을 겁니다.

1부

애니멀 커뮤니케이션의 세계

어디선가, 굉장한 무언가가
우리에게 알려지기를 기다리고 있다.

_칼 세이건Carl Sagan, 천문학자

애니멀 커뮤니케이션이란
무엇인가요?

일에서 가장 중요한 부분은, 시작하는 것이다.

_플라톤 Plato

맨 처음부터 시작해봅시다. 우리가 컴퓨터 앞에 앉아 키보드를 톡톡 두드리고 스마트폰 안에 빽빽하게 들어차 있는 작디작은 사람들과 수다를 떨어대기 훨씬 전, 우리는 자연계와 조화를 이루고 있었습니다. 그러다 우리는 언어를 만들어내고 기술을 발전시키고는 우리 자신을 '지적으로 우월한' 존재라고 선언했지요. 그리고 그러는 과정에서 정말로 중요한 것, 바로 자연과의 접촉을 잃어버렸습니다. 그러나 항상 그랬던 것은 아닙니다.

원주민들의 문화에서는 여전히 동물과 식물, 바다와 땅을 포함하여 모든 생명 있는 것에서 영혼spirit을 감지합니다. 이런 문화는 대체로 동물과 자연을 이해하고 그들과

커뮤니케이션하는 방식을 갖고 있는데, 이는 주류 사회의
접근법과는 많이 다르지요.

오스트레일리아의 한 원주민은 이렇게 설명했습니다.
"원주민들은 자신을 자연의 일부로 본다. 우리는 지구상
의 모든 것이 부분적으로는 인간이라고 본다."[1] 아메리카
원주민들은 모든 살아 있는 존재를 '우리의 친척'이라고
부릅니다. 그들은 털이 있고, 지느러미가 있고, 깃털이 있
고, 비늘이 있고, 기어 다니는 모든 존재의 영혼에 경의를
표하지요. 어머니 지구Mother Earth 위에 존재하는 모든 것
은 서로 연관되어 있으며, 생명의 순환 고리 안에서 함께
춤추는 존재들이라고 믿습니다.

그러므로 '애니멀 커뮤니케이션'이란 결코 새로운 것이
아닙니다. 단지 우리 현대인이 커뮤니케이션의 형식으로
서 주로 말이라는 언어에만 의지하게 된 탓에 등한시해왔
던 것뿐이지요. 우리 조상은 동물과 커뮤니케이션을 했었
고, 우리도 할 수 있습니다. 그러나 진실은 현대의 호모 사
피엔스 다수가 '분리병'을 앓고 있다는 겁니다. 우리는 그
무엇보다 연결을 갈망합니다. 영혼 수준에서 우리는 자신
이 자연의 일부임을 인지하고 있고, 따라서 자연과 연결되

는 것은 우리의 본능적 욕망이기 때문이지요. 그러나 기술이 발전해갈수록 우리는 자연과의 연결 및 의미 있는 관계에서 점점 더 멀어져만 갑니다.

그래도 좋은 소식이 있다면, 동물과 직관적으로 의사소통하는 사람들이 많다는 것, 그리고 일부 문화에서는 그것이 여전히 활발히 행해진다는 겁니다. 또 직관적 의사소통 없이도 우리가 꽤 많은 걸 이해할 수 있는 것도 사실이고요. 우리는 고양이가 우리와 노트북 컴퓨터 사이에 앉거나, 우리 두 팔 위에 드러누우면 그게 무슨 의미인지 이해합니다. 어떤 고양이는 심지어 키보드 위에 몸을 쭉 뻗고 드러눕기도 하는데, 이런 건 아주 노골적인 표현이죠. 개가 장난감을 우리 다리 사이로 밀어 넣거나, 바깥에 다람쥐가 보이면 문가에서 큰 소리로 짖어댈 때도 우리는 무슨 뜻인지 알아차립니다. 말이 코를 우리에게 부드럽게 비비거나 텅 빈 사료통을 발로 차서 넘어뜨릴 때도 그 의미를 이해하지요.

동물은 물리적 신호와 소리 신호를 우리에게 전달하는데, 이는 그들이 우리가 그들의 미묘한 신호들을 항상 알아차리지는 못한다는 것을 깨달았기 때문이에요. 우리는 미묘한 신호를 무시하거나 그들이 우리에게 전하고자 하는 바를 오해해버리죠.

그래서 우리는 우리도 동물에게 정말 뻔할 정도로 쉽게 알 수 있도록 표현해야 한다고 느끼고, 껴안기나 소리 지르기, 밀기 같은 것들이 동물이 이해할 수 있는 유일한 커뮤니케이션 형식이라고 믿습니다. 인간의 문화에서는 커뮤니케이션이란 곧 언어라고 생각하지요. 아, 우리는 얼마나 한계에 갇힌 존재인가요!

이제는 깨어날 때가 되었습니다. 시대가 변하고 있어요. 장벽들이 무너지고 있고, 사람들은 동물과 자연과 맺었던 진정한 연결을 기억해내고 있습니다.

종차별주의

어느 종에 속하는지에 따라 동물에게 어떤 가치들이 부여되는지 살펴봅시다.

'종차별주의 speciesism'는 1970년에 영국의 심리학자 리처드 다이어 Richard D. Dyer가 만들었고, 호주의 철학자 피터 싱어 Peter Singer가 대중화한 용어입니다. 이 용어는, 인간이라는 동물은 인간이 아닌 다른 모든 동물보다 더 큰 도덕적 권리를 가질 충분한 이유가 있다는 생각을 가리키는 말이지요.

순전한 종차별주의는 인간의 우월성이라는 개념을 극단까지 몰고 가, 인간의 가장 사소한 바람도 다른 종들의 생존 욕구보다 더 중요하다고 말합니다. 예를 들어, 종차별주의자는 장식적인 코트나 옷깃, 목도리, 모자, 열쇠고리 방울에 모피를 사용하기 위해 동물을 잔인하게 다루고 죽이는 것이 용납할 수 있는 일이라고 말합니다.

이런 믿음을 정당화하려는 사람들은 인간이 다른 동물들보다 자기인식력과 자신의 행위를 선택할 수 있는 능력이 더 뛰어나다고 단언합니다. 이 능력이 사람들을 도덕적으로 생각하고 행동할 수 있게 하므로, 인간에게 더 높은 도덕적 지위를 부여해야 한다고 말하지요.

이런 관점은 종종 인종주의나 성차별주의와 같은 부류의 편협한 시각이라는 비난을 받습니다. 그뿐 아니라 과학적 근거도 없지요.

의식에 관한 케임브리지 선언

나는 생각한다. 고로 나는 존재한다.

_르네 데카르트Rene Descartes, 철학자

2012년 7월 7일, 인간 및 인간 이외 동물의 의식에 관한 프랜시스 크릭 기념 콘퍼런스Francis Crick Memorial Conference on Consciousness in Human and Non-Human Animals에서 전 세계 저명한 인지신경과학자, 신경약리학자, 신경생리학자, 신경해부학자, 전산신경과학자들이 모여 동물의 의식 여부를 논의했습니다. DNA 발견자 중 한 사람인 크릭Francis Crick 은 자기 생애의 마지막 시기 동안 의식을 연구하며 보냈고, 1994년에는 《놀라운 가설: 영혼에 관한 과학적 탐구The Astonishing Hypothesis: The scientific search for the soul》라는 책을 출간했습니다. 그 콘퍼런스의 결과로 나온 의식에 관한 케임브리지 선언Cambridge Declaration on Consciousness은 이렇게 결론지었습니다. "인간 외의 동물은 의식을 생성하는 신경해부학적·신경화학적·신경생리학적 기질을 갖고 있으며, 더불어 의도적 행동을 할 수 있는 능력도 갖고 있다. 이러한 중대한 증거는 의식의 신경학적 기질을 인간만이 소유하고 있는 것이 아님을 보여준다. 모든 포유류와 조류를 포함한 인간 이외의 동물, 그리고 문어를 비롯한 그 외 다른 많은 생물 또한 이러한 신경학적 기질들을 갖고 있다."[2]

동물을 사랑하는 사람 대부분이 늘 알고 있었던 사실, 바로 '동물에게도 의식이 있다'는 것을 최고의 과학자들이 증명하고 공개적으로 선언한 겁니다. 동물은 의식하는 존재로서 자신을 인지하고 감정을 느끼며 결정을 내릴 수 있는 지력과 능력을 지니고 있습니다. 그러므로 이제는 더 이상 동물을 감정 없는 물건 다루듯 해서는 안 됩니다.

우리는 아주 오랫동안 동물이 아픔과 고통을 느낀다는 것을 부정해왔고, '동물은 느끼지 못한다'는 이유로 동물에 대한 우리의 행위를 용납할 수 있다고 여겨왔습니다. 이것은 진실과는 너무나도 동떨어진 이야기입니다. 동물이 우리가 그들에게 하는 행동을 인식한다는 진실은 어쩌면 그보다 더 충격적으로 느껴질지도 모르겠네요.

물건이나 제품으로 취급되고 망가졌거나 쓸모없다는 이유로 폐기 처분되는 동물의 처지를 잠시 상상해봅시다. 여러분이 그 처지라면 어떤 느낌이 들까요? 동물의 처지에서 생각해보면 결코 마음이 편치 않을 겁니다. 그러나 우리는 많은 동물을 그런 식으로 취급해왔지요.

의식 선언에 서명한 과학자들은 당신의 소파에 앉아 있는 쾌활한 개나 무릎에 앉은 사랑스러운 고양이, 그리고 당신의 삶에 존재하는 다른 모든 동물이 무감각한 기계가 아니며, 의식을 경험하는 생기 있고 지각 있는 존재라는 데 동의합니다. 인간 이외의 동물도 우리와 똑같습니다. 바꿔 말해서, 우리는 그들과 똑같아요! 우리와 그들의 유사성을 깨닫고 인정하면 다른 동물과의 커뮤니케이션이 훨씬 더 쉬워집니다.

가볍게 살펴보는 애니멀 커뮤니케이션

애니멀 커뮤니케이션은 서로 떨어져 있는 인간과 인간 이외의 동물 사이, 또는 인간이 아닌 두 동물 사이에서 이루어지는 에너지의 교환입니다. '종간種間 커뮤니케이션' 또는 '직관적 커뮤니케이션'이라고도 부를 수 있어요. 그것은 비언어적 정보의 직관적 교환이며 모든 종 사이에 걸쳐 있는 보편적 언어입니다. 핵심은 그것이 '가슴의 의식heart consciousness'이라고도 알려져 있는 사랑의 주파수 위에서 작동한다는 겁니다.

애니멀 커뮤니케이터를 동물의 신체언어를 읽고 심리를 이해하는 사람인 호스 위스퍼러 horse whisperer나 도그 리스너 dog listener와 혼동하기가 쉽습니다. 그러나 애니멀 커뮤니케이션은 말이나 개, 고양이 행동심리학자가 하는 일과는 무척 다릅니다. 또한 그것은 동물 리딩 reading과도 무관하지요. 애니멀 커뮤니케이션은 말없는 대화에 더 가까운 양방향 정보 교환입니다.

애니멀 커뮤니케이션에서는 한쪽은 인간이고 한쪽은 인간이 아닌 두 동물이 감각을 사용하여 비언어적으로 정보를 주고받습니다. 다음 장에서 이를 더 심층적으로 살펴보고 그것이 당신과 어떻게 관련되는지 탐색해보겠지만, 먼저 당신이 한 부분을 차지하고 있는 동물계에서 다른 종들과 커뮤니케이션할 수 있는 능력을 갖고 태어났다는 사실을 아는 것이 중요합니다. 그것은 우리 모두가 지니고 태어나는 완전히 선천적인 기술입니다. 우리는 모두 같은 '뿌리'에서 기원했지만, 어쩌다 보니 우리는 '우리도 동물'이라는 사실을 잊고 만 것이지요.

리멤버링

아이들은 아직 자신의 직관과 조화를 이룬 상태로 남아 있기 때문에 아무 의심 없이 동물과의 연결을 유지합니다. 아이였을 때 우리는 고양이나 개, 그리고 다른 종들과 아주 행복하게 이야기를 나눌 수 있었지요. 그러다 십대로 접어들고 나서는 부모와 교사, 친구들의 영향을 받아 육감적 본능과 타고난 앎을 무시하기 시작합니다. 그래서 동물과 커뮤니케이션할 수 있는 능력은 흔히 유년기가 지나면 상실되는 경우가 많지요. 그러나 동물에 대한 사랑이 남아 있고 다시 배우려는 의지만 있다면, 그 기술은 다시 회복될 수 있습니다. 저는 그 회복을 우리가 동등한 한 부분을 차지하고 있는 동물계의 '일원'으로 우리 자신을 다시 되돌린다는 의미에서 '리멤버링 Re-membering'로 표현합니다.

당신의 직관은 벌써 어두운 동굴 속으로 들어가버렸나요? 그렇다 하더라도 당신의 직관을 다시 빛 속으로 이끌어내어 당신의 소중한 일부분으로서 인정하고 신뢰하며 존중하는 것은 언제라도 가능한 일입니다. 어쩌면 당신은 자신이 쉽게 설명할 수 없는 무언가를 느끼고 있음을 인지하고 있을지도 모릅니다. 이사할 집을 보러 다니다가 어느 집 문을 들어서는 순간 이유 없이 거부감이 든 적이 없었나요? 그런 적이 있다면 당신은 직관적으로 인지하고 있었던 겁니다. 또 어떤 친구를 생각하고 있는데 전화벨이 울려 받아보면 바로 그 친구였던 적이 있었을 거예요. 이때 당신은 무의식적으로 그를 인지했던 것이지요.

어쩌면 당신은 이미 당신의 반려동물이나 길을 가다 만난 동물에 대해 어떤 직관적인 느낌을 감지했던 적이 있을지도 모릅니다. 동물의 눈을 들여다보다가 무언가 잘못된 것 같다는 느낌에 가슴이 철렁 내려앉았고, 이후 수의사가 그 느낌을 확인해준 적이 있었을지도 모르죠.

우리 모두 어느 정도는 직관력을 갖고 있습니다. 정확히 어느 정도의 직관력인지는 우리가 자신의 직관을 얼마나 사용하고 신뢰하는가에 달려 있어요. 직관은 근육처럼 더 많이 사용할수록 더 강해지니까요.

텔레파시와는 무슨 관련이 있을까요?

'텔레파시 애니멀 커뮤니케이션'이란 '애니멀 커뮤니케이션'과 같은 개념입니다. 동일한 속성을 나타내는 다른 명칭일 뿐이죠. 저는 '텔레파시'를 생략하고 말하는 편인데,

너무 길고 복잡하기 때문이에요. '텔레파시 애니멀 커뮤니케이션'이라는 말을 반복해서 말해보세요. 금방 피곤해지죠. '텔레파시'를 생략하는 또 한 가지 이유는 많은 사람이 자기한테는 텔레파시 능력이 없다고 믿기 때문이에요. '텔레파시'라는 단어에 주눅들 필요는 없어요. 사실 우리 모두에게는 텔레파시 능력이 있습니다. 그것은 직관력과 같은 말이니까요. 텔레파시는 미세하게 조정된 직관력입니다.

텔레파시telepathy는 그리스어에서 '먼'을 뜻하는 텔레tele와 '감정' 또는 '지각'을 뜻하는 파시pathy가 결합된 단어입니다. 텔레파시는 마음속 단어 또는 이미지가 소리 없이 전송되는 것으로 볼 수 있지요. 애니멀 커뮤니케이션은 물리적 상호작용 없이 거리를 뛰어넘어 정보를 느끼는, 즉 전송된 정보들을 받는 겁니다.

저는 애니멀 커뮤니케이션을 아주 쉽게 할 수 있는 일이라고 믿으며, 용어를 단순화해서 더 많은 사람이 쉽게 다가올 수 있다면 적극 찬성합니다.

애니멀 커뮤니케이션은 어떻게 보일까요?

누군가가 애니멀 커뮤니케이션을 하고 있는 모습을 본다 하더라도 눈에 띄게 보이는 것은 별로 없어요. 그들은 눈을 감은 채 미동도 없이 자기 자신과 자신이 대화를 나누고 있는 동물 사이의 연결에 집중하고 있을 겁니다. 반면 동물은 타고난 커뮤니케이션 기술을 지니고 있기 때문에 커뮤니케이션에 집중해야 할 필요를 덜 느끼고, 그래서 딴 데를 쳐다보거나 긁적거리거나 땅바닥을 훑고 있을지도 모릅니다. 동물은 우리와 커뮤니케이션할 수 있다는 것을 이미 알고 있는 것이죠. 그들과 커뮤니케이션할 수 있다는 사실을 기억해낼 필요가 있는 건 바로 우리입니다.

우리는 쉽게 산만해지고 집중을 잘 유지하지 못할 때가 많아요. 다른 사람이 우리와 마주 보고 있는 편을 더 좋아하는 것도 바로 그 때문이죠. 그렇게 마주 보고 있으면 최소한 우리가 하는 말에 그들이 주의를 기울이고 있다고 믿을 수 있기 때문이에요. 그러나 동물은 우리의 말을 '듣기' 위해 우리의 눈을 들여다볼 필요가 없습니다. 제 워크숍에 객원교사(사실 저는 워크숍 장소에 들어오는 모든 동물을 그렇게 부릅니다)로 참여하는 고양이들은, 잠시 모습을 보이고는 보이지 않게 무언가의 뒤로 가서 앉습니다. 그러고는 종종 제게 "여기서도 나는 당신들의 말을 들을 수 있어요"라는 메시지를 전달하라고 말하죠. 그들은 이렇게 별 노력을 기울이지 않고도 기본적인 원리 하나를 가르쳐줍니다. 애니멀 커뮤니케이션에는 거의 아무런 제약이 없다는 사실을 말이지요.

애니멀 커뮤니케이션의 이점

> 모든 동물은 당신보다 더 많이 안다.
> _조지프 추장, 아메리카 원주민 네즈퍼스 Nez Perce족

동물과 커뮤니케이션할 수 있는 우리의 선천적 능력을 되살리면 얻을 수 있는 것이 많습니다. 다른 동물의 진가를 더욱 깊이 이해할 수 있고, 우리가 모든 생명과 하나일 수 있음을 더욱 깊이 인식하는 데 도움이 되지요. 더 넓은 관점에서는 환경과 지속가능성에 대해 더 큰 관심을 가지게 되는 등 넓은 시야 또한 가지게 되고요. 애니멀 커뮤니케이션을 함으로써 우리는 자연의 일부분이라는 우리 자신

의 위치를 기억하게 되고, 우리의 생명을 지탱하는 자연도 더욱 존중하게 됩니다.

애니멀 커뮤니케이션과 같은 앎의 방식을 인식하고 가치 있게 여기는 세상, 그것이 학계와 현대 서구의 맥락에서 유효한 지식의 형태로서 확고히 자리 잡은 세상을 상상해보세요. 그것이 바로 제가 그리는 세상입니다.

이 책은 당신이 갖고 있던 '사람과 동물 사이의 커뮤니케이션 기술'을 되찾아주고 발전시켜줄 겁니다. 또한 당신이 느끼는 '인간과 자연의 연결'도 더욱 깊어진다는 걸 느끼게 될 거예요.

애니멀 커뮤니케이션이 어떻게 도움을 줄 수 있는지 보여주는 실제 사례 몇 가지를 소개해봅니다.

베일리의 경고

린은 제게 애니멀 커뮤니케이션이 가능하다는 것을 깨달은 이야기를 들려주었습니다.

린의 딸 샘은 예전에 애니멀 커뮤니케이션에 관한 책을 아주 많이 읽기는 했지만 읽는 것 외에는 거의 한 일이 없었어요. 그러던 어느 날 그들의 개 요크셔 테리어 베일리가 린의 침실에서 짖어 댔답니다. 베일리가 그러는 건 아주 드문 일이었기 때문에, 샘은 자기 방에서 하던 일을 멈추고 무슨 일인지 알아보기로 했지요.

린의 침실로 들어가는 순간, 샘은 베일리에게서 집에서 기르던 페럿(족제비과 동물) 중 한 마리인 올리가 마구 뛰어 돌아다니는 이미지를 받았습니다.

샘이 방 안을 뒤졌지만 거기에는 올리가 없었지요. 항상 페럿을 무척 경계하는 베일리에게, 방 안에는 돌아다니는 페럿이 한 마리도 없다고 안심시킨 샘은, 다음 순간 혹시 탈출했을지도 모르니 뒤뜰에 있는 우리에 가서 점검해보는 게 좋겠다는 생각이 들었답니다.

아니나 다를까, 베일리가 샘에게 보여준 이미지처럼, 올리는 마치 곡예사와 같이 우리에서 탈출하여 막 대문 아래의 펫 도어 쪽으로 달려가고 있었다는군요.

린의 침실에서는 뒤뜰의 우리가 보이지 않았는데도 베일리는 페럿이 어디서 무엇을 하고 있는지 분명히 인지했던 거였죠. 베일리는 올리가 집 안으로 들어올까 봐, 그리고 들어온다면 머지 않아 린의 침실로 들어와 사방으로 뛰어다닐 거라고 걱정했던 겁니다. 이렇게 베일리는 자기가 짖은 이유를 전달할 수 있었고, 샘

역시 그 메시지를 명확히 전달받고 그에 따라 행동할 수 있었던 거죠.

요약하자면 이렇습니다. 집 안에 있던 개가 보지 않고도 집 밖에서 살고 있던 페럿이 무엇을 하고 있는지 알았던 겁니다. 게다가 그 개는 그 사실을 사람에게 효과적으로 전달할 수 있었고, 그 사람은 메시지를 명확히 전달받고 그에 따라 행동함으로써 그 개가 옳았다는 것을 증명했지요. 잘했어! 베일리!

이 이야기는 인간과 동물(개)의 커뮤니케이션을 보여주고, 또한 동물과 동물(개와 페럿)의 커뮤니케이션도 보여줍니다. 이 이야기를 읽고 당신은 어떤 생각이 들었나요? 린과 샘은 그 일로 애니멀 커뮤니케이션을 더 공부해야겠다고 자극을 받았다고 해요.

이 단순한 예는 모든 종 사이에 오고가는 비언어 커뮤니케이션의 힘을 보여줍니다. 우리 역시 동물이라는 사실을 기억하면, 그것이 완전히 이치에 맞는 일임을 알 수 있죠. 그것이 바로 비언어적 보편 언어를 사용한, 종과 종 사이의 커뮤니케이션이에요. 정말 멋지지 않은가요?!

거미의 요청

제 애니멀 커뮤니케이션 학생인 돈 브러넘이 들려준 이야기입니다.

지난주에 욕실에 들어가보니 욕조 안에 커다란 거미 한 마리가 있는 거예요. 저는 거미를 보면 항상 밖으로 내보내지만, 솔직히 거미를 볼 때마다 화들짝 놀라는 데다 거미를 처리하는 건 별로 내키는 일이 아니었죠. 어쨌든 저는 평소처럼 유리컵 하나와 거미를 컵 안으로 유인할 작은 접시 하나를 가지고 왔어요. 그런데 이 거미가 도저히 컵 안으로 들어가려고 하지 않는 거예요. 거미는 계속 컵 양옆으로 껑충껑충 뛰기만 하고, 저는 점점 답답해지기만 했죠. 지각하지 않으려면 어서 집을 나서야 하는 시간이었거든요.

뱀에 대한 두려움을 극복했던 당신의 이야기가 기억이 나서, 저도 그 거미에게 사랑을 보내며 연결을 지어보려고 시도했어요. 하지만 전 충분히 확신을 갖지 못했고, 그러다 보니 거미에게도 확신을 심어줄 수 없었죠.

그러다가 아이디어가 떠올랐어요. 수 년 전 세상을 떠난 제 반려견에게 도움을 요청해보기로 한 거죠. 저는 그 친구에게 거미와 이야기를 해보라고, 내가 어떤 해도 입히지 않을 거라고 말해 달라고 부탁했어요.

그때 이런 생각이 드는 거예요. '아니야, 그러면 거미는 '해害'라는 단어만 들을 거야.'

그래서 생각을 고쳐서 이렇게 말했어요. "내가 그냥 도와주고 싶어 한다고 거미에게 말해줘."

즉시 우리 둘 모두에게 평온함과 이해의 순간이 다가왔다는 느낌이 들었어요. 그리고 거미는 천천히, 아주 수월하게 컵 안으로 걸어 들어갔죠.

그런 다음 평소에 늘 하던 대로 밖으로 던져버리려고 창가로 갔는데, 막 던지려고 할 찰나에 거미가 원하는 것은 이것이 아니라는 강한 느낌을 받았어요. 거미는 테라스 문 바로 앞 꽃밭에 있는 꽃잎 위에 '부드럽게' 놓아주기를 원하는 것 같았죠.

그래서 그렇게 해줬어요. 저를 신뢰해준 거미를 존중하고 거미의 요청을 들어주는 것이 저의 의무란 느낌이 강하게 들었거든요. 그렇게 모든 일이 잘 마무리되었답니다.

제가 말하고 싶은 것은, 일단 한 동물과 커뮤니케이션을 주고받는 경로에 올라서면, 정말 모든 게 달라진다는 거예요.

개 한 마리가 사람 그리고 페럿과 커뮤니케이션한 이야기와, 거미와 커뮤니케이션하기 위해 세상을 떠난 반려견과 커뮤니케이션한 여성의 이야기를 들려드렸어요.

이런 사례를 제시하는 건 여러분이 새로운 관점에서 동물을 바라보기를 바라기 때문이에요. 그러려면 관심을 사로잡을 수 있고 호기심을 자극할 만한 몇 가지 실화를 나누는 것이 가장 좋은 방법이지요.

개와 삶을 함께하는 사람이라면 이미 자신이 겪어본 바를 떠올리게 할 만한 이야기를 하나 더 소개할게요.

위스퍼의 두려움

위스퍼라는 17개월 된 코커스패니얼을 키우는 진이 편지를 보내왔습니다.

위스퍼는 생후 7개월과 9개월 사이에, 즉 개의 성장 단계에서 '두려움'을 예민하게 경험하는 시기에 몇 차례 공격적인 사건을 경험했습니다. 행복하고 사랑 가득하던 위스퍼는 그 일 이후로 아주 겁 많은 꼬마로 변해버렸어요. 지금 이 아이는 낯선 사람을 두려워하고 다른 개들을 끔찍이 무서워합니다. 그래서 저는 위스퍼를 일주일에 두 번씩 훈련소에 데려가고 있습니다. 저를 도와주는 개 전문가도 두 사람이나 있죠.

위스퍼는 저의 다른 반려견들인 섀도우와 블루이와는 항상 문제없이 지내지만, 집이 아닌 공간에서 누군가 만지려고 하거나 다른 개들이 가까이 다가오거나 자기 공간을 침범하려고 하면 공격적인 반응을 보여요. 좀처럼 나아지는 기미가 보이지 않자, 저는 위스퍼가 남은 삶을 목줄에 매인 채 자유롭게 달리는 기쁨을 누리지 못할 거란 생각이 들었어요. 이러한 사실은 저를 힘들게 했고, 결국 심한 우울 상태에 빠지는 지경에 이르렀어요.

지난 열 달 동안 온갖 방법을 다 시도해봤고, 위스퍼에게 '너는 사랑받고 보호받고 있으며 안전하다'는 확신을 심어주려고 온갖 노력을 다했습니다. 하지만 여전히 저는 위스퍼의 폭발적인 공포 반응을 예측할 수도 피할 수도 없었습니다.

제가 직접 위스퍼와 커뮤니케이션을 하려고 여러 차례 시도해봤지만, 제가 너무 감정에 복받쳐선지 위스퍼가 하는 말을 들을 수가 없었네요.

제가 진 대신 위스퍼와 커뮤니케이션을 해보았고, 그런 다음 위스퍼가 한 모든 이야기에 관해 진과 차근차근

이야기했어요. 상담 후 진은 제게 다시 다음과 같은 편지를 보내왔습니다.

먼저 위스퍼는 당신과 커뮤니케이션을 할 무렵, 매우 신이 나 있었고 행복해했어요. 게다가 우리가 단둘이 있었던 어느 날에는 제게 분명하게, 다른 어느 때보다 훨씬 더 명확하게 의사를 전달해 왔어요. 위스퍼는 앉은 채 저를 쳐다보면서, 어떤 상냥한 숙녀 분과 이야기를 나눴는데 그 대화가 아주 마음에 들었다고 했어요.

당신과 대화한 뒤 첫 주에는 두세 번 사납게 반응한 경우가 있었어요. 저는 당신이 제안한 대로 긍정적인 이미지들과 행복한 경험들을 마음에 품은 채 계속 커뮤니케이션을 했지요.

둘째 주에 위스퍼는 훨씬 더 긴장이 풀리고 행복해했어요. 제게 특히 경이로운 일은, 이제 우리가 편안하게 커뮤니케이션을 이어가고 있다는 점이에요. 위스퍼가 공격을 당한 뒤로는 줄곧 커뮤니케이션이 정말 어려웠거든요.

마침내 위스퍼는 그때 자기가 얼마나 무서웠는지 제게 말하기가 정말 어려웠었다고, 그렇게 하면 제가 자기에게 실망할 거라 생각했었다고 말해줬어요. 또 자신이 저를 더 잘 보호해줄 수 있어야 한다고 느꼈다고 하더군요. 이렇게 어린 영혼이 그런 무거운 마음의 짐으로 힘들어하고 있었다니 너무 가슴이 아팠습니다. 이 대화로 우리 둘 사이에 많은 것이 풀어졌다고 느껴져요.

지난 목요일에는 위스퍼와 둘이서 브램험 승마대회에 갔어요. 미리 위스퍼에게 우리가 무엇을 할 것인지 설명해줬지요. 위스퍼는 한 무리의 개들이 아주 가까이서 지나갈 때도 전혀 공포 반응을 보이지 않았고, 몇 미터 옆에서 말들이 몸을 풀고 있는 모습도 침착하게 지켜보았답니다. 그 공격이 있은 후 최고로 호전된 날이었고, 위스퍼도 자기 자신에게 매우 만족해했어요.

당신이 위스퍼와 커뮤니케이션을 하고, 뒤이어 위스퍼가 제게 말할 수 있게 된 것을 계기로 우리는 완전히 새로운 출발을 할 수 있게 되었고, 문제 전체를 새로운 관점에서 보게 되었어요. 저 또한 확실히 새로운 에너지를 얻었을 뿐 아니라, 때때로 이 어린 친구와 저를 매우 침울하게 만들었던 과거에 관해서도 긍정적인 통찰을 하게 되었어요. 저는 이제 우리가 아주 긍정적인 길 위에 있다고 확신합니다.

겁에 질려 있거나 과민 반응하는 개들의 문제를 이해하지 못하고 나아질 방법이 없다고 느끼는 사람들이 분명 많을 겁니다. 그럴 때 애니멀 커뮤니케이션이 정말로 도움이 될 수 있어요.

여러분은 아마 이런 생각을 하고 있을 거예요. '어떻게 하면 내가 우리 개의 두려움이나 과민 반응을 해결해줄 수 있는, 혹은 어떤 동물이 탈출했다는 제보를 받을 수 있는 단계까지 갈 수 있을까?' 이것이 바로, 제가 여러분에게 앞으로 알려드리고자 하는 겁니다.

견고한 토대에서 시작하기

뿌리가 튼튼해야 나무가 자라고 사방으로 가지를 뻗을 수 있듯이, 저는 견고한 토대를 만드는 일의 가치를 믿습니다. 그래서 이 장은 '현재의 순간The present moment'이라는 명상법으로 마무리하고자 합니다. 당신의 반려동물과 진정으로 함께 '현재'에 존재하는 것이야말로 애니멀 커뮤니케이션의 가장 중요한 출발점이기 때문이죠. 단순하게 보일 수도 있고 당신에게는 쉬운 일이라고 느껴질지도 모르지만, 어쨌든 당신과 반려동물 모두 이 조용하고 집중된, 함께하는 시간을 온전히 기쁘게 누릴 거라고 믿습니다.

명상과 자세에 관한 조언

명상을 소개하기 전에, 이 책에 담긴 모든 명상에 유용한 몇 가지 지침을 소개합니다.

☐   어떤 명상을 할 때는 의자에 앉아서 하는 게 더 좋다고 느껴질 수도 있고, 바닥에 누워서 하는 게 더 낫다고 느껴질 수도 있습니다.

☐   의자에 앉는다면 등을 받쳐주는 의자를 고르되, 앉았을 때 뻣뻣하거나 어색한 자세가 되는 것은 피합니다.

☐   바닥에 눕는다면 몸 아래 바닥에 완전히 자신을 내맡기고 모든 근육의 긴장을 풀어놓아 보냅니다. 허리에 통증이 있다면 무릎을 굽히고 발바닥을 바닥에 평평하게 대어 허리가 편하도록 받쳐줍니다.

☐   명상을 할 때는 체온이 떨어질 수도 있습니다. 추운 느낌이 든다면, 가벼운 담요나 숄로 몸을 감싸세요.

☐   더 편안한 느낌이 들도록 헐렁하거나 느슨한 옷을 입는 것도 좋습니다.

☐   앉아서 명상할 때는 구부정한 자세보다는 허리를 바르게 펴고 앉는 것이 집중하는 데 도움이 됩니다. 그렇다고 너무

딱딱한 자세를 취하지는 마세요.

☐　다른 무엇보다, 당신이 명상을 하기에 적합한 시간인지 잠시 살펴보세요. 서두르는 마음이 들거나 방해받을까 걱정되는 상황은 좋지 않아요. 타이밍이 가장 중요합니다.

현재의순간 명상

사랑하는 동물을 생각하며 그들과 같은 공간 속으로 들어가세요. 현재 나의 삶 속에 동물이 없다면, 이웃의 개나 고양이 또는 바깥에 지저귀는 새들을 대상으로 이 명상을 시도해볼 수도 있습니다. 잠시 그들이 무엇을 하고 있는지, 바쁜지 느긋한지 관찰해보세요. 그 동물이 지금 낮잠을 자는 중이라 해도 괜찮습니다.

일단 그렇게 그들과 함께인 상태가 되었다면, 마음의 눈에 그 동물의 이미지를 계속 간직한 채 최대한 뚜렷하게 그들의 모습을 그리며, 앉을 수 있는 편안한 장소를 찾습니다.

준비가 되었다면 눈을 감으세요.

코로 숨을 들이쉰 다음 입으로 내쉬면서 긴장을 풀어놓아 보냅니다.

다시 숨을 들이쉬고, 잠시 멈췄다가, 내쉬며 긴장을 풉니다. 어깨는 귀 아래로 부드럽게 떨어뜨립니다. 숨을 들이쉬고, 멈추고, 내쉬면서 깊이 긴장을 풉니다.

자신의 자연스러운 리듬에 따라 계속해서 숨을 들이쉬고 내쉬는데, 숨을 내쉴 때마다 긴장이 풀린 상태로 점점 더 깊이 들어가도록 하세요.

이제 마음의 눈에 담긴 그 동물 이미지로 의식을 가져갑니다. 할 수 있는 한 뚜렷하게 그들의 모습을 보고 그 이미지를 유지하세요. 평화롭고 온화하게 이 순간에 그 동물과 함께하세요. 서로 함께하는 이 소중한 현재에 초점을 맞춘 채 그 동물과 내가 온전히 존재하는 순간입니다.

마음이 헤매며 돌아다닌다고 느껴져도 스트레스를 받을 필요는 없습니다. 그저 동물의 이미지와 둘이 함께하고 있음에 다시 초점을 맞추세요. 중요한 건 지금 이 순간 함께 있는 나와 그 동물뿐입니다.

온화함과 사랑의 마음으로 그 동물과의 연결을 관찰하세요. 그들에게 이 정도의 시간 동안 이 정도로 집중했던 마지막은 언제였나요? 마지막으로 그들과 온전히 함께 존재한 때는 언제인가요? 주의를 온전히 집중했던 때는요? 차분한 상태를 유지했던 때는 언제였나요?

이제 긴장을 풀고, 이 현재 순간에 함께 존재하는 것에 초점을 맞추고 그 상태를 인식합니다. 새나 길고양이처럼 모르는 사이인 동물과 연결을 짓고 있다면, 어떤 관심사나 시간의 제한에도 방해받지 않고 그들과 이 순간을 함께한다는 것이 어떤 느낌인지 알아차리세요.

그 동물은 당신과 같이 살아 숨 쉬는, 지각이 있는 존재입니다. 겉모습은 달라도 그 알맹이는 나와 똑같지요. 다리가 넷일 수도 날개가 있을 수도 있지만, 그래도 그들은 나와 똑같습니다. 알맹이는 똑같고 아무 차이도 없어요.

그 동물과 함께하며 그들의 감정을, 그리고 그들이 감정을 표현하는 방식을 받아들이세요.

그 동물과 함께하며 그들의 의견을, 그리고 그들이 좋고 싫음을 표현하는 방식을 받아들이세요.

그 동물과 함께하며 그들에게 지성이 있다는 것과, 경험을 이해하고 처리하는 그들의 방식을 받아들이세요.

차분하고 평온하고 잠잠하게 그 동물과 함께 있음에 집중하는 이 시간을 보내는 것이 어떤 느낌인지 관찰하세요.

지금 이 순간 평온하고 느긋해지기가 어렵다는 느낌이 들지도 모릅니다. 초점을 유지하려고 안간힘을 쓰고 있지만 여러 가지 다른 생각 때문에 주의가 산만한 상태일 수도 있겠죠. 그렇다면 이 연습은 나에게 더더욱 중요합니다. 더 차분하고 잠잠해질수록 커뮤니케이션이 더 쉬워진다는 걸 느끼게 될 거예요.

마지막으로 내가 느끼는 바를 다시 확인하고, 조용히 마음속으로 그 동물에게 이 경험에 대한 감사를 표하세요.

그 동물이 겉보기에 나와 함께하고 있지 않은 것처럼 보일지라도, 그 동물은 연결하고 함께하려는 나의 의도와 바람을 아주 잘 인지하고 있다는 것을 믿으며 눈을 뜹니다.

동물과 함께하는 순간에 온전히 존재하는 것은 우리의 관계를 더욱 돈독하게 하고 커뮤니케이션 능력을 향상시킵니다. 동물이 지각과 지력과 의식이 있는 존재임을 진정으로 인정하면, 그들과 우리의 결속은 더욱 강해집니다. 그것은 우리의 관계 전체를 변화시킬 수 있는 축복이죠.

이 명상이 습관처럼 느껴질 때까지 한 주에 몇 차례씩 반복해보세요. 한 번에 얼마나 오래하는가 보다는, 규칙적으로 반복하는 것이 중요합니다. 몇 분이라도 조용하고 차분하게 사랑하는 동물과 그저 함께하는 것, 이보다 더 좋은 게 있을까요? 그 행복이란!

요약

- 애니멀 커뮤니케이션은 새로운 것이 아닙니다. 우리 조상들은 동물과 커뮤니케이션을 했고, 원주민 문화에서는 지금도 그렇게 합니다.
- 세계적으로 명망 있는 과학자들은 동물이 의식과 감정이 있고, 거울을 보고 자신을 인지할 수 있음을 증명했습니다.
- 우리는 모두 동물과 커뮤니케이션할 수 있는 능력을 갖고 태어났습니다. 그것은 직관과 에너지라는 보편 언어에 바탕을 둔 것이기 때문이지요.
- 이러한 선천적 기술을 다시 기억해내면, 즉 다시 그 기술을 쓸 수 있는 일원이 되면 얻을 수 있는 것이 아주 많습니다.

애니멀 커뮤니케이션이
정말 가능한가요?

당신이 만사를 바라보는 방식을 바꾸면
당신이 바라보는 것들이 바뀔 것이다.
_웨인 다이어 Wayne W. Dyer, **심리학자**

사람들이 잘 모르는 몇 가지 진실부터 짚고 넘어갑시다.

☐   누구나 동물과 커뮤니케이션할 수 있습니다.

☐   애니멀 커뮤니케이션은 특별한 능력이 아닙니다.

☐   누구에게나 직관력이 있습니다.

☐   마음이 열려 있으면 애니멀 커뮤니케이션이 더 쉬워집니다.

☐   동물은 우리 생각보다 훨씬 더 많은 것을 이해합니다.

☐   동물의 말을 듣는 방법을 잊어버린 것은 바로 우리입니다.

☐   동물과의 커뮤니케이션을 방해하는 가장 큰 장해물은 우리

     자신입니다.

이 진실들을 조금 더 자세히 살펴본다면 우리의 관점을 바꿀 수 있고, 동물과의 커뮤니케이션을 막고 있는 장벽들을 무너뜨리는 법도 알게 될 겁니다.

커뮤니케이션

언어 배우기

널리 퍼져 있는 주장이 있습니다. 사람은 언어 학습에 특화된 뇌 부위들을 사용하여 언어를 배우는데, 이런 언어 능력이 우리를 다른 동물과 구별하고, 다른 동물보다 더 우월한 존재로 만든다는 것이지요. 그러나《미국 국립 과학 아카데미 회보Proceedings of the National Academy of Sciences of the United States of America; PNAS》에 실린 최근의 한 연구는, 언어가 인류 발생 이전부터 있었던 '아주 오래된 범용 시스템ancient general-purpose systems'을 통해 습득된다는 것을 강하게 암시하는 새로운 과학적 증거를 제시했습니다.[3]

"이 발견은 언어가 인간에게만 존재하는 타고난 특정 언어모듈에 의존한다는 기존 이론과 상충합니다." 조지타운 의학 대학원의 신경과학 교수이자 이 연구의 선임 연구자 마이클 울먼Michael T. Ullman의 말입니다.

665명을 대상으로 한 이 연구에서는 아이의 모국어 학습과 성인의 외국어 학습이 모두 아주 오래된 뇌 회로들을 사용하여 이루어진다는 사실을 발견했습니다. 이 뇌 회로들은 아주 다양한 과제에도 사용되지요. 그중에서도 흥미진진한 부분은 논문의 공저자인 켄트주립대학의 필립 햄릭Phillip Hamrick 박사가 한 말입니다. "이 뇌 시스템들은 동물에게도 발견됩니다."

언어적 커뮤니케이션의 이면

언어적 커뮤니케이션을 해체해보면, 단어들보다 훨씬 많은 것이 작동하고 있음을 깨닫게 됩니다. 우리는 단어를 사용해 장소와 사람, 감정, 물건 등 모든 것을 묘사하죠. 그러나 이런 단어의 배후에는 우리가 상상적 경험을 형성하도록 도와주는 텔레파시 세계가 존재합니다. 예를 들어, 누군가 당신에게 자신이 휴가를 다녀온 이야기를 하면서 아주 멋진 호텔과 자연 그대로의 해변을 묘사한다고 합시다. 그가 자신이 경험한 바를 이야기할 때 당신은 마음속에서 그 호텔과 해변의 모습에 관한 이미지들을 만들어내고, 정서적으로는 그 호텔과 해변이 어떤 느낌일 거라고 상상할 겁니다. 무언가를 더욱 온전하게 이해하려고 노력하는 것은 우리의 본성이며, 우리는 이를 누군가가 설명하는 경험을 재창조해보려 노력함으로써 해내는데, 이 과정은 때로 상당히 무의식적인 수준에서 이루어지기도 합니다.

나아가 말하는 것을 훨씬 더 넘어서는 수준의 또 다른 커뮤니케이션 형식들도 존재합니다.

언어적 커뮤니케이션 너머

2006년 저는 미생물학자 루퍼트 셸드레이크Rupert Sheldrake에게 점심 식사 초대를 받아 그의 집에 간 적이 있습니다. 그는 저의 애니멀 커뮤니케이션 경험에 관해 이야기를 듣고 싶어 했죠. 그는 반려동물이 자신의 반려인이 집으로 돌아오는 것을 알 수 있는지에 관한 연구를 실시하여, 《사람이 집에 오는 때를 아는 개들Dogs That Know When Their Owners Are Coming Home》이라는 책을 썼어요.[4] 실증을 중시하는 사람이라면 이 책을 흥미롭게 읽을 수 있을 거예요.

그중 가장 잘 알려진 대목은 제이티라는 잡종 테리어와

반려인인 파멜라 스마트에 관한 이야기입니다. 파멜라는 1989년에 맨체스터 독스 홈에서 아직 강아지이던 제이티를 입양했어요. 그러다가 1993년에 정리해고를 당해 실직 상태가 되었지요. 생활에 일정한 패턴이 없어진 파멜라는 정해진 시간 없이 아무 때나 집을 떠나 있었고 밖에 머무는 시간의 길이도 일정하지 않았답니다. 당연히 파멜라의 부모는 파멜라가 언제 집으로 돌아올지 대부분 예측할 수 없었지만, 제이티는 파멜라가 집에 돌아오는 때를 항상 예상하고 있는 것처럼 보였어요.

셸드레이크 박사는 2단계의 조사를 실시했어요.

1. 1단계에서 파멜라와 그의 부모는 파멜라의 외출과 제이티의 반응에 대한 일지를 작성했습니다. 파멜라는 자신이 간 장소와 이동 수단, 집과의 거리, 집으로 돌아오기 위해 출발한 시간을 따로 기록했지요. 제이티는 관찰한 100번의 사례 중 85번이나 파멜라가 도착하기 10분 전쯤부터 창가에서 그녀를 기다렸습니다. 정확도가 85%인 거예요! 데이터를 보면, 제이티는 파멜라가 얼마나 오랫동안 나가 있었든 얼마나 멀리 가

있었든 상관없이, 파멜라가 집으로 돌아가기로 결심한 순간에 반응하고 있었음을 알 수 있죠.

2. 2단계에서는, 오스트리아 국영텔레비전의 과학 부서가 파멜라의 부모님 집을 지속적으로 촬영하고, 또 다른 촬영팀은 외출한 파멜라를 따라다녔습니다. 3시간 50분 뒤에 촬영팀은 파멜라에게 집으로 돌아가라고 말했어요. 파멜라는 5분간 걸어서 택시 정류장으로 갔고, 10분 뒤 집에 도착했습니다. 그 장면을 텔레비전에 방영할 때 그들은 화면을 분할하여 한쪽에서는 파멜라의 집에 있는 그녀의 부모와 제이티를 보여주고, 다른 한쪽에서는 외출하여 돌아다니는 파멜라를 보여주었어요. 파멜라가 외출한 동안 제이티는 파멜라의 어머니 발치에 느긋하게 누워 있었죠. 제작진이 파멜라에게 집으로 돌아가라고 말할 때 제이티는 귀를 쫑긋 세웠고 주의력이 높아졌어요. 파멜라에게 집에 돌아가라는 말을 한 지 정확히 11초 뒤에 제이티는 집 안을 가로질러 창가로 가더니, 거기에 앉아 파멜라를 기다리기 시작했어요. 그리고 파멜라가 집에 도착할 때까지 계속 그 자리에 있었지요.

파멜라의 부모가 제이티에게 감각적 단서가 될 만한 신호를 보내지도 않았고(그들은 파멜라가 언제 돌아올지 전혀 몰랐어요), 익히 들었던 자동차 소리나 버스가 서는 소리도 없었습니다. 파멜라가 집으로 돌아온다고 암시하는 것은 아무것도 없었던 것이죠. 파멜라가 돌아가겠다는 의도를 갖자마자 제이티는 그걸 바로 안 겁니다. 제이티의 '초감각적 지각' 능력 외에는 설명할 길이 없었습니다. 셸드레이크 박사는 그것이 텔레파시 커뮤니케이션일 거라고 추측했습니다. 그는 동물이 "사회적 유대와 동물적 지각력에 관해, 그리고 우리 자신에 관해서도 가르쳐줄 것이 많을 것"이라고 결론지었습니다. 저도 그 말에 진심으로 동의합니다. 이어서 그는 이런 것도 알 수 있다고 썼어요. "우리 자신의 의도와 욕망, 두려움은 우리의 머릿속에만 갇혀 있는 것도 아니고, 언어와 행동을 통해서만 소통되는 것도 아닙니다. 우리는 떨어져 있는 동물이나 다른 사람에게도 영향을 미칠 수 있어요. 멀리 떨어져 있을 때조차 우리는 우리에게 '가까운' 동물이나 사람과 계속 서로 연결되어 있습니다."

관점

당신은 동물을 어떻게 보나요?

이제 잠시 짬을 내어 당신이 동물을 어떻게 보고 있는지 곰곰이 생각해봅시다. 원한다면 메모를 해도 좋습니다. 현재 동물에 대한 당신의 인식은 어떠한가요? 내 관점을 확인해봤다면, 다음 내용을 한번 살펴보세요. 이런 생각도 해보셨나요?

1. 동물은 생각하고 느끼고 추론합니다. 동물은 개별적 선호가 있고, 결정을 내릴 수 있으며, 결정에 따라 행동할 수도 있고 행동하지 않을 수도 있습니다. 동물은 아무것도 모르고 생각하지 않는 존재가 아닙니다. 동물에게는 자유의지가 있습니다. 우리와 마찬가지로요.

2. 동물은 감정적으로 복잡합니다. 동물은 사랑에 빠지기도 하고, 친구를 사귀기도 하며, 어떤 대상을 싫어하기도 하고, 종을 초월해서 상호관계를 맺기도 합니다. 인터넷에 검색만 해봐도 서로 다른 종의 동물이

서로를 좋아하는 사진이나 영상, 이야기를 수백 가지 발견할 수 있어요. 서로를 아주 좋아하는 코끼리와 개라든가, 서로 짝꿍 관계인 하마와 잭 러셀 테리어라든가, 또 2004년 쓰나미로 고아가 된 두 살배기 하마를 보살피는 알다브라 자이언트 육지거북도 있지요. 사람들이 같은 종인 인간뿐 아니라 다른 종인 동물도 좋아하는 것처럼요. 이는 동물과 사람의 또 한 가지 닮은 점이지요.

3. 우리가 인간적 감정이라고 말하는 모든 감정을 동물도 느낍니다. 동물도 행복과 사랑, 기쁨, 슬픔, 좌절, 짜증, 분노, 불안감, 조심스러움, 혼란, 그 밖의 감정들도 느낄 수 있습니다. 특히 경이로운 것은 용서할 수 있는 능력을 지닌 종이 많다는 점이지요. 이 점은 동물이 사람에게 주는 여러 가르침 중 하나입니다. 우리는 유난히 죄책감을 잘 느끼지요. 우리는 죄책감에 갇혀 꼼짝 못 하기도 합니다. 동물은 죄책감을 우리만큼 강하게 느끼지는 않아요. 아마도 죄책감이 장기적으로 이로운 점이 없음을 아는 것 같아요. 이 점에 대해 잠시 깊이 생각해봐도 흥미로울 것 같네요. 우

리는 왜 유달리 죄책감을 잘 느끼는 걸까요? 조건화
된 결과일까요? 용서를 더 잘하는 편이 더 도움이 되
지 않을까요?

당신은 자신을 어떻게 보나요?

이제 당신은 동물을 전과 달리 보게 되었을지 모릅니다.
그러나 애니멀 커뮤니케이션과 관련한 의식의 가장 큰 변
화는 우리 자신, 바로 인간이라는 동물을 바라보는 방식에
서 일어난답니다.

우리에게는 오감을 넘어서는 지각 능력도 있어요. 이른
바 육감이라고 하는 직관, 본능적 앎이지요. 초감각적 지
각extra sensory perception; ESP이라고 부를 수도 있고요. 멋진
점은 그것이 우리가 타고나는 것이라는 거예요. 육감을 더
확장하고 정교하게 하여 활용하려면, 육감의 존재를 인정
해야 합니다. 그리고 육감을 활용하다 보면 재미있는 일이
아주 많이 일어나지요. 이 내용에 대해서는 나중에 더 이
야기하도록 해요. 일단 현실부터 똑바로 봅시다.

진실

우주적 관점에서 보면 우리 모두는 각자 다 소중한 존재다.
_칼 세이건

우리와 다른 동물 사이에는 아무 차이도 없습니다. 우리는 모두 동물계에 속한 동물이지요. 물론 우리는 다르게 생겼고 다르게 먹으며 다른 기술을 갖고 있어요. 개미의 팀워크나, 질병이나 마약을 냄새로 알아내는 개의 능력만 봐도 그렇지요. 우리 인간에게도 특정한 기술이 있지만, 그 모든 걸 다 해체하면 남는 알맹이는 똑같아요. 모든 동물이 숨을 쉬며 심장을 갖고 있지요. 이것이 바로 제가 말하는 핵심이에요. 또한 우리가 다른 동물과 접촉하려고 할 때 우리의 출발점이 되는 사실이기도 하고요.

따라서 우리가 개인지 곰인지, 고양이인지, 돌고래, 말, 파리, 사자, 까마귀, 뱀인지, 아이인지 어른인지, 아니면 나비인지는 정말로 중요하지 않아요. 우리는 다른 동물과 기본적인 유사성을 공유하고 있습니다. 이는 곧 우리가 동물과 커뮤니케이션할 방법을 찾아낼 수 있다는 뜻이지요. 그걸 방해하는 것으로는 무엇이 있을까요?

커뮤니케이션의 장해물

때로는 안락함의 도시를 떠나 직관의 황야로 들어가야만 할 때가
있다. … 거기서 당신이 발견하게 될 것은, 바로 당신 자신이다.
_앨런 알다 Alan Alda, 배우

앞에서 저는 모든 사람이 동물과 커뮤니케이션할 수 있다
고 자신 있게 선언했습니다. 그 말은 사실이지만, 그렇게
하지 못하도록 방해하는 것들도 분명 존재하지요. 그렇다
면 애니멀 커뮤니케이션을 방해하는 기본적인 장해물들
이 무엇인지 살펴봅시다.

우리는 우리 자신의 것이 아닌 신념체계를 따르도록 훈련
받았습니다

다른 사람들의 관점을 취하는 것은 아주 쉽지요. 어렸을
때 우리는 부모님과 선생님들에게서 영향을 받고 보통 그
들이 '현실'이라고 말하는 것을 받아들입니다. 5살 이전에
우리는 모든 것을 흡수하는 '스펀지 모드'지요. 과학자들
은 이를 '세타파의 시기 the age of theta brainwaves'라고 부릅니
다. 이 시기에 우리의 상태는 남에게 휘둘리기 쉬운 최면

상태나 렘수면REM sleep 상태와 비슷해요. 나이가 들면서 우리는 또래들과 친구들에게서, 이후에는 직장 동료와 리더들에게서 영향을 받습니다. 저는 매년 워크숍에서 어떤 말을 하고는 잠시 후 그것이 자신의 목소리가 아니라 남편이나 직장 동료, 때로는 친한 친구의 목소리임을 깨닫는 사람을 많이 봅니다.

당신이 애니멀 커뮤니케이션 워크숍에 참석한다는 말을 솔직하게 털어놓는다면, 주변 사람들은 어이없다는 태도를 보이거나 깎아내리는 것처럼 웃으며 반응할 거예요. "뭘 한다고요?" "이제 당신을 닥터 두리틀이라고 불러야 하나요?"

이런 말들은 새로운 무언가를 시도하려는, 심지어 생각하려는 욕망조차 꺾어버립니다. 그러나 우리는 살아가는 동안 진실이 아닌 가르침을 아주 많이 배웁니다. 세계에서 지적이기로 이름난 사람들 중에도 애니멀 커뮤니케이션이 실제로 가능하다는 것을 받아들이지 않는 사람들이 있어요. 그들이 지적인 사람인지는 모르겠으나, 그렇다고 해서 그들의 생각이 다 옳다고 할 수는 없지요.

여기서 더 중요한 핵심은, '동물은 커뮤니케이션할 수

없다'는 제한적 생각이 실제로 커뮤니케이션을 방해한다는 겁니다. 그러니 애니멀 커뮤니케이션이 가능한 일인가 혹은 당신이 그것을 할 수 있을까 하는 의심이 든다면, 잠시 그런 생각의 원천이 어디인지 곰곰이 살펴보세요. '나는 정말 그걸 믿는 걸까? 내가 믿는 진실은 무엇일까? 나는 몸소 그것을 체험해볼 만큼 마음이 열려 있나?'

자신의 것이 아닌 생각이나 믿음을 품고 있었던 거라면 금세 그 사실을 깨닫게 될 거예요. 당신이 그런 경우라면 그 생각을 종이에 적은 다음, 그것을 찢고 다음으로 넘어가세요.

우리 스스로 직관을 차단합니다

때로는 우리가 스스로 자신의 직관을 차단하는데, 이것도 우리가 동물과 커뮤니케이션하는 것을 방해합니다. 왜 그런 일이 일어나는 걸까요? 어쩌면 우리가 전달받게 될 내용에 대해 걱정하기 때문일지도 몰라요. 너무 고통스러운 정보를 얻게 될지 모른다는 걱정을 하고 있다면, 그 정보가 우리에게 도달하는 것을 막는 장벽을 쌓고 있는 겁니다.

우리의 에고가 떠들어요

인간의 자아 또는 에고^{ego}가 지닌 자기인식, 자기반성, 자기통제의 능력은 우리의 목표에 도달하는 데 필수적입니다. 그런데 에고는 항상 긍정적으로 보이고 싶어 하는 욕망을 갖고 있어요. 노스캐롤라이나의 듀크대학 심리학 및 신경과학 교수인 마크 리어리Mark Leary가 설명하듯이 "자아는 우리의 가장 위대한 자원일 수 있는 동시에 우리의 가장 어두운 적일 수도" 있습니다.[5] 또 다른 연구자의 표현에 따르면, 자아는 '자기 방어기제로 가득찬 자체적인 동물원'을 만들어냅니다.[6]

이 성가신 에고와 그것이 애니멀 커뮤니케이션에 영향을 미치는 방식에 관해 좀 더 이야기해봅시다.

에고의 목소리

에고의 목소리는 두려움의 목소리일 수 있고, 욕망의 목소리일 수도 있어요.

두려움의 목소리는 아마 이런 식으로 말할 거예요. "내가 이걸 할 수 있을지 모르겠어. 내가 이걸 못하면 어쩌지? 남들은 다 애니멀 커뮤니케이션을 할 수 있는데, 나만 못 하면 어떻게 해? 내 능력이 형편없으면 어쩌지?" 워크숍에 참석해 앉아 있을 때 두려워하는 에고의 목소리가 이렇게 말을 건넬지 몰라요. "내가 동물에게서 받은 메시지를 말했을 때 모두에게 웃음거리가 되면 어쩌지? 그러면 차라리 아무 말 안 하는 게 낫겠어." 이것이 바로 자기방어기제가 작동하는 방식입니다.

욕망의 목소리는 이렇게 말할 거예요. "정말, 정말 이걸 하고 싶어. 이건 내게 너무 간절해. 내 평생 뭔가를 이만큼 원했던 적은 한 번도 없다고! 여기서 탁월한 능력을 보이고 싶어. 난 동물을 무척 사랑하고 그들을 돕고 싶으니까." 선의는 훌륭합니다. 하지만 너무 강한 욕망은 두려움 못지 않게 진정한 커뮤니케이션을 방해한답니다.

에고를 잠잠하게 만드는 일의 중요성

제가 10년 넘게 동물과 커뮤니케이션을 해오면서, 에고의 목소리는 결코 침묵하는 법이 없음을 배웠습니다. 원래 그 목소리는 끊임없이 이야기하게 되어 있어요. 또한 내가 어떻게 받아들일지, 얼마나 잘할 수 있을지, 상황을 통제하려고 얼마나 애쓰고 있는지에 지나치게 신경 쓰고 있음을 깨닫는 데 에고의 목소리가 도움이 된다는 것도 배웠어요. 그 목소리에는 유용한 점도 있는 거지요.

중요한 건 그 목소리의 크기예요. 에고의 목소리는 얼마나 시끄럽나요? 동물이 당신에게 전하려 하는 메시지를 덮어버릴 만큼 큰 소리인가요?

행복에 관한 최신 과학은, 자아 또는 에고를 강화하는 것이 아니라 넘어서는 것이 만족과 내면의 평화로 가는 가장 강하고 직접적인 경로임을 보여줍니다.

하이디 웨이먼트Heidi A. Wayment 박사와 잭 바우어Jack J. Bauer 박사는 《자기이해 넘어서기: 조용한 자아에 대한 심리학적 탐구Transcending Self-Interest: Psychological explorations of the quiet ego》라는 책에서, 사회과학자들이 수십 년 동안 관찰해왔던 현상, 그러니까 미국인이 "더 이기적이고 더 완고하며 더 냉담하고, 문화도 나르시시즘으로 추락하고" 있는 상황을 검토합니다.[7] 말할 것도 없이 이는 미국인만의 문제가 아니지요. 그 책에 담긴 이론들과 연구들은 '자아를 넘어서는 두 가지 경로'를 제시하는데, 이는 다음과 같이 요약해볼 수 있어요.

1. 자신의 자아와 다른 사람의 자아 사이에 균형을 잡는 일에 초점을 맞춘다.
2. 방어적이지 않은 자기인식을 키우고, 자애 compassion 를 강화하며, 상호의존적 자기정체성을 개발한다.

이러한 결속의 길 끝에는 '조용한 에고 quiet ego', 즉 자기를 내세우기보다는 자신과 다른 존재 모두가 잘 살아가는 데 더 관심이 많은 에고가 있습니다.

에고의 목소리 낮추기

에고의 목소리를 낮추는 두 가지 방법을 소개합니다.

1. **감사를 표현하세요.** 에고의 목소리를 낮추는 방법은 에고에게 감사하는 겁니다. 그렇습니다. 글자 그대로 에고에게 감사를 표현하는 거예요. 에고는 분명 내게 뭔가를 가르쳐주기 때문이죠. 에고에게 감사할 때 저는 이렇게 말합니다.

- □ 내 마음이 충분히 열려 있지 않다는 것, 충분히 중립적이지 않다는 것, 이 순간 이 동물과 함께하는 데 충분히 집중하고 있지 않다는 것을 일깨워줘서 고마워.
- □ 내 초점이, 이 동물이 나에게 자신을 표현할 공간을 열어주는 데에 있는 것이 아니라, 나 자신, 내 에고에게 맞춰져 있다는 걸 알려줘서 고마워.
- □ 내가 에고의 목소리를 낮추도록 계속 노력해야 한다는 걸 가르쳐줘서 고마워.

2. **이타심을 표현하세요.** 에고를 초월하여 에고가 조용해지도록 만드는 또 하나의 방법은 이타심을 구체적으로 표현하는 겁니다. 이 방법은 에고가 더 현명해지고 더 친절해지며 다른 존재들에게 더 큰 연민을 갖도록 북돋아줄 수 있습니다.

더 높은 자아의 목소리

애니멀 커뮤니케이션을 시도하려고 할 때, 당신이 듣게 되는 또 하나의 목소리가 있습니다. 그것은 바로 당신의 더 높은 자아higher self의 목소리로, 당신의 응원단장이라고 여겨도 될 겁니다. 이 목소리는 에고의 목소리와는 완전히 달라요. 더 높은 자아는 아마 이런 식으로 말할 거예요. "안심해. 괜찮을 거야. 넌 잘 해낼 거야. 난 널 믿어. 긴장을 풀어. 그런다고 네가 잃을 건 아무것도 없으니까." 이 목소리는 늘 용기를 북돋아주고 긍정적이며 사랑으로 가득하지요. 당신을 지지해주고 이해해줍니다. 매 단계마다 곁에서 손을 잡아주는 친구와도 같죠. 이 목소리에 귀를 기울입시다.

양자적 해법

중요한 건 오직 사랑뿐.
_텍사스, 공저자이자 함께 사는 고양이

이 부분을 쓰기 시작했을 때, 텍사스가 다가오더니 "중요한 건 오직 사랑뿐"이라는 것 외에 다른 말은 쓸 필요가 없다고 말해줬어요. 저는 동물의 바람을 존중하고 그들의 가르침을 신뢰해야 한다는 걸 오래전에 배웠으므로, 텍사스의 그 말을 그대로 여러분에게 전합니다.

물론 텍사스의 말이 옳습니다. 우리를 다른 동물과 결속시키고 그들과의 커뮤니케이션을 가능하게 만들어주는 것이 바로 사랑이니까요. 하지만 당신은 약간의 과학적 증거를 더 먼저 들어보고 싶을지도 모르겠군요. 아니라면 이 부분은 넘어가도 괜찮아요.

과학은 감각을 행복한 춤으로 봅니다

> 현실은 하나의 환영일 뿐이다. 꽤 지속적이기는 하지만.
> _알베르트 아인슈타인 Albert Einstein

과거에 과학은 당신의 개나 고양이 또는 당신이 생각하는 어느 동물이든 당신과는 별개의 존재이며, 당신과 그들 사이에는 구분이 존재한다고 단언했습니다. 그것은 산업시대의 사고지요. 그 시절 우리는 우리와 우리의 동물이 같은 방에 있지만 완전히 분리된 두 가지 존재라고 배웠고, 그 개념은 우리에게는 성촉절*처럼 허황된 미신이 되어버

● 미국에서 다람쥐과 동물인 그라운드호그 Groundhog가 겨울잠에서 깨어나는 2월 2일을 말하며, 그라운드호그 데이라고도 한다. 우리 식으로 하면 개구리가 겨울잠에서 깨어난다는 경칩쯤에 해당하는 날이다. 이 날 해가 나서 그라운드호그가 자기 그림자를 보게 되면 다

린 모양입니다. 현대 사회는 이런 낡아빠진 진실에 갇혀
있는 것 같아요.

새로운 진실 또는 패러다임은 '당신과 당신의 동물이 함
께하는 존재'라는 겁니다. 별개의 존재나 분리된 존재가
아니라는 거죠. 과학이 발달하면서 시공간 안에서 서로 떨
어져 있는 것처럼 보이는 것들 사이에서도 보이지 않는
연결을 인지할 수 있게 되었습니다. 파멜라가 집으로 돌아
올 때를 그녀의 개 제이티가 안 것은 바로 그런 연결 때문
이지요. 우리 모두는 이렇게 서로 연결된 우주의 한 부분
이지 우주에서 분리된 존재가 아니에요.

린 맥태거트 Lynne McTaggart는 《필드 The Field》에서 이렇게
썼습니다. "인간의 마음과 몸은 환경과 분리된 것이 아니
라, 거대한 에너지의 바다와 끊임없이 상호작용하며 고동
치는 힘의 다발이다. 의식 consciousness은 아마도 우리의 세
계를 형성하는 핵심일 것이다."[8] 웨인 다이어는 맥태거트
가 "영적 지도자들이 수세기 동안 이야기해왔던 것에 대
한 구체적 증거"를 제시한 것이라고 말했지요.

진실은 우리가 '그것'이라고 생각하는 3차원의 현실

시 겨울잠에 들어가는데, 그러면 6주 동안 더 겨울 날씨가 계속된다고 믿는다.

에 갇혀 있는 게 아니라는 겁니다. 우리는 어떤 시공간이든 가로지르며 함께 춤추는, 힘의 고동치는 점들인 양자quantum의 작은 다발들로 이루어져 있습니다. 동물도 춤추는 양자들로 이루어져 있죠.

괜찮으니 들어와보세요

달리 표현하자면, 우리는 모두 '의식'이라 불리는 깊고 푸른 생명의 바다에서 함께 헤엄치는 아원자입자들subatomic particle이라는 말입니다. 우리는 어떤 벽도 존재하지 않는 무한한 의식에 연결되어 있어요. 우리 자신도 그 의식의 일부이기 때문이죠. 의식에 대한 접근을 막는 어떠한 장벽도 없으며, 당연히 애니멀 커뮤니케이션에도 어떠한 장벽이 없죠.

물이 두려운가요? 그렇다면 의식을 거미줄이라고 생각해봅시다. 이 거미줄에 당신이 올라가 있고, 제가 올라가 있으며, 우리가 사랑하는 동물도 올라가 있어요. 사실 그 거미줄 위는 상당히 북적거리죠. 존재하는 모든 것과 그들의 모든 기억까지 다 거기에 있으니까요. 그리고 거미줄을 엮어낸 실들이 우리를 서로 연결하고 있지요. 이런 말이 너무 어리둥절하게 들린다면, 내 의뢰인의 고양이가 말한 관점에서 생각해보세요. "우리는 모두 한 그릇에 담긴 수 프라니까!"

양자장quantum field에서는 에너지와 물질이 서로 교환 가능합니다. 이는 정상급 과학자들이 연구하고 증명한 사실이에요. 정신이 아득해지게 만드는 이 개념은 아주 많은 가능성을 열어주지만, 그 힘을, 아니 더 정확히 말해 우리의 힘, 우리 의식의 놀라운 힘을 활용한 사람은 극히 소수입니다. 이제 이런 상황을 바꿀 때가 되었어요.

당신의 생명 에너지를 활용하세요

포스를 느껴라.
_요다, 〈스타워즈 Star Wars〉에 등장하는 영적 지도자

이제 물질주의와 기계론의 세계에서 벗어날 때가 되었어요. 소파에서 떨치고 일어나 훨씬 더 흥미진진한, 그리고 실제적인 세계관을 탐색해볼 때가 온 것이죠.

〈스타워즈〉 얘기를 당신에게 적용해서 미안하지만, 포스force, 즉 동양에서 흔히 '기氣'라고 부르는 생명 에너지는 정말 존재한답니다. 그것은 우리를 서로에게, 동물과

환경과 우주에 연결해주는 힘입니다.

에너지는 아주 환하고 부드럽고 강력해요. 당신이 여태
껏 지니고 있던 믿음을 잠시 유예하고, 확실성도 기꺼이
밀어두고, 에너지의 빛나는 감각illumine-sense에 자신을 내
맡긴다면, 당신의 삶은 더 좋은 쪽으로 바뀔 겁니다. 제가
저 단어를 어떻게 분리했는지 다시 한번 보세요. 당신은
자신에게 빛이 비친다는 것을 느끼게 될 거예요. 당신은 A
지점에서 B 지점으로 옮겨 가는 대부분의 사람보다 더 깨
어 있고 세상을 더 잘 의식하는 사람이 될 겁니다.

계속 지극히 협소한 경험의 범위 안에서만 살아가지 말
고, 확고한 태도를 정해 우리 의식의 놀라운 힘을 활용하
고, 인간의 다섯 가지 신체적 감각을 넘어서 있는 현실의
차원에 주파수를 맞춰봅시다. 진실은 우리 모두가 모든 사
람, 모든 동물, 우주 안의 모든 것에 연결되어 있다는 거예
요. 그러니 우리는 모두 상자 밖으로 뛰쳐나갈 수 있어요.
사실을 말하자면 상자랄 것도 없답니다. 상자 같은 것은
존재하지 않아요!

당신이 힘없는 존재가 아니라는 것만 기억하세요. 당신
은 힘으로 가득합니다.

에너지 느끼기

여러분이 원하는 만큼 몇 번이라도 반복할 수 있는, 에너지를 느낄 수 있는 아주 간단한 연습을 소개하고자 합니다. 포스를 배우는 첫 번째 요다 수업이라고 할 수도 있겠네요.

- 두 발을 벌리고 서서 몇 차례 심호흡을 합니다. 긴장을 풀고 마음을 깨끗이 합니다.
- 두 손바닥을 열심히 문질러 더 따뜻하고 더 민감하게 합니다.
- 두 손을 가슴 넓이로 몸 앞쪽으로 뻗고 손바닥이 서로 마주 보게 합니다.
- 천천히 두 손바닥을 서로를 향해 박수치듯 다가가게 하되 서로 닿지는 않게 하세요. 아마 자연스럽게 멈춰지는 지점을 발견하게 될 거예요.
- 그런 다음 천천히 두 손을 멀어지게 합니다.
- 이제 눈을 감습니다.
- 다시 천천히 두 손바닥을 서로를 향해 다가가게 합니다.
- 아주 미묘한 것이라도 무엇이 느껴지는지 알아차리고 그것을 언어로 옮겨보세요.

- 다시 두 손을 멀어지게 하면서 무엇이, 어디에서 느껴지는
  지 알아차리세요. 두 손을 서로 다가가게 했을 때와 어떻게
  다른지도 관찰하세요.
- 이번에는 두 손을 서로 다가가게 하면서 눈 뒤에서 느껴지
  는 색깔, 온도 변화, 당신이 느끼는 감정을 관찰합니다.
- 이제 두 손을 멀어지게 하면서 계속해서 다른 느낌들을 알
  아차리세요.
- 다시 한번 두 손을 서로 다가가게 하면서 두 손이 가까워질
  수록 느껴지는 아주 미세한 감각에도 주파수를 맞춥니다.
  손들이 더 이상 가지 않으려 하는 지점이 존재하나요?
- 이제 두 손을 멀어지게 하면서 아주 미세한 느낌들까지 다
  관찰합니다.

당신이 느꼈을 만한 감각은 무엇이 있을까요? 몇 가지 예를 들
어봅시다.

- 따뜻하거나 차가운 온도
- 손을 가로지르는 바람이든 손이 움직이며 일으키는 바람
  이든

- 손바닥의 따끔거림

- 감은 눈 뒤로 보이는 색깔

- 손을 서로 다가가게 하거나 멀어지게 할 때 느껴지는 저항

- 손을 멀어지게 할 때 마치 두 손에 고무 밴드를 걸어놓은
  것처럼, 어느 특정 거리 너머로는 갈 수 없을 것 같은 느낌

- 손을 멀어지게 할 때 마치 껌을 늘이는 것 같은 느낌

- 서로 다가가는 두 손바닥이 닿는 걸 막거나, 손이 서로 만나
  려고 할 때 둘을 강제로 떼어놓는 자력磁力 또는 척력

- 두 손바닥 사이에 탈지면이 있는 느낌

- 두 손바닥 사이에 공이 하나 있는 느낌

- 손이 움직이는 방향을 바꿀 때 변화하는 감정

- 손을 멀어지게 할 때의 해방감

- 손을 멀어지게 할 때의 확장감 또는 자유로움

- 손을 멀어지게 할 때나 다가가게 할 때 감각이 줄어드는
  느낌

우리는 모두 에너지를 느끼는 방식을 설명할 때 다른 단어들을
사용합니다. 우리 모두가 각자 독특한 존재이기 때문이지요. 어
떤 사람들은 색깔보다는 온도를 더 의식하기도 합니다. 주목해야

할 점은 당신이 에너지를 느끼고 있다는 거예요. 그것은 손바닥 사이의 공간을 들여다봐도 눈에는 보이지 않는 힘입니다.

이 연습을 하는 동안 아무것도 느끼지 못했거나 인지하지 못했다면, 잠시 후 또는 내일 다시 시도해보세요. 긴장을 풀고 흐르는 대로 따라가며 호흡하세요. 연습하다 보면 아주 미묘한 감각들 또는 느낌들을 감지하게 될 겁니다. 포기하지 마세요. 당신은 쉽게 포기하는 사람이 아니잖아요.

이것을 계속 연습할수록 처음에 했을 때는 당신이 주파수를 맞추지 못했을 수도 있는 에너지의 다른 요소들도 알아차리기 시작할 겁니다. 놀이처럼 즐기면서 해보고 발견의 기쁨을 누려보세요. 에너지를 감지하고 그 에너지에 이름을 붙이기 시작하면 아주 흥미진진해집니다.

이제 당신은 우리 모두를 둘러싸고 우리 모두를 연결하는 섬세한 세계를 감지하는 감각을 더 예민하게 만들 수 있어요.

다음 장에서는, 당신의 생각과 감정이 무한한 가능성의 거대한 장 또는 거미줄 또는 수프 속으로 송출되는 전파 같다는 점을 살펴볼 겁니다. 그뿐 아니라 당신이 그것을 직접 경험해보게 함으로써 이론을 실제로 옮겨놓을 거예요.

- 인간과 동물 모두가 언어를 학습하는 데 사용하는 뇌 시스템을 갖고 있습니다.

- 인간과 동물 모두가 다섯 가지 감각과 함께 '직관'이라는 여섯 번째 감각을 가지고 있습니다.

- 동물은 생각하고 느끼고 추론합니다. 인간처럼 그들에게도 자유의지가 있습니다.

- 동물은 감정적으로 복잡하고, 우리가 '인간적'이라고 말하는 모든 감정을 경험합니다.

- 애니멀 커뮤니케이션을 방해하는 가장 큰 장해물은 잘못된 믿음, 두려움, 에고입니다.

- 우리는 모두 우리의 삶과 동물과의 연결을 환히 밝혀줄 수 있는 놀라운 힘을 타고났습니다. 이제 그 힘을 느낄 때예요!

애니멀 커뮤니케이션은
어떻게 이루어지나요?

정말로 가치 있는 유일한 것은 직관이다.

_알베르트 아인슈타인

애니멀 커뮤니케이션은 '직관'에 기반을 둡니다. 직관은 인간과 동물 모두의 선천적 속성이지요. 직관이 우리 일상의 삶에서 지대한 역할을 함에도 이것을 정의하는 것은 쉬운 일이 아닙니다. 스티브 잡스Steve Jobs는 직관이 '지성보다 더 강력한 것'이라고 했어요. 저는 그 말이 마음에 들어요.

《직관의 기술The Art of Intuition》의 저자 소피 버넘Sophy Burnham은 이렇게 썼습니다. "나는 직관을, 자신이 그것을 아는 이유도 모르면서 아는 미묘한 앎이라고 정의한다. 그것은 사고와는 다르다. 논리나 분석과도 다르다. 그것은 알지 않으면서 아는 것이다."[9]

매우 직관적인 사람들에게는 롤 모델이나 그들을 격려해준 멘토가 있다고들 하지요. 누군가 당신을 지지해주고 당신이 직관으로 얻어낸 정보를 가치 있게 여기는 사람이 있으면 확실히 도움이 됩니다. 그것이 바로 이 책에서 제가 맡은 역할이기도 하지요. 한 페이지 한 페이지 넘어가는 동안 저는 행복한 마음으로 당신의 손을 잡고 있을 거예요.

직관의 중요성은 미국 군대가 직관을 연구한다는 사실로도 입증됩니다. 군대가 전투 중 재빠른 결정을 내려 생명을 구하는 결과를 내는 데 직관이 도움을 주어왔기 때문이지요. 그들은 직관이 어떻게 작동하는지 조사하고 직관의 과학적 근거를 이해하고 알리기 위해 (그리 입에 붙는 명칭은 아니지만) '암묵 학습을 통한 직관적 의사결정력 강화Enhancing Intuitive Decision Making Through Implicit Learning'라는 프로그램을 실시했습니다.[10] 이것은 아주 중요해요. 다수의 일반 대중은 사실 직관을 초자연적인 것과 혼동하기 때문이지요. 그러나 직관은 초자연적인 것이 아닙니다. 하지만 당신이 직관을 갖는 것을 부자연스럽고 초자연적인 거라고 생각한다면, 당신에게는 정말 그런 게 될 거예요.

그 프로그램을 추진한 계기는 병사들이 '육감'으로 임박한 공격 또는 급조폭발물의 존재를 감지한 사례들을 자세히 담은 현장 보고서였습니다. 그중에는 아프가니스탄에서 2006년 여름에 탈레반의 매복 공격을 당한 한 캐나다 중대가, 육감적으로 경계 상황을 예상했었다고 보고한 사례가 있고, 또 이라크의 한 인터넷 카페*에서 어떤 남자에게서 뭔가 이상한 낌새를 감지한 뒤, 그가 거기에 심어놓은 사제폭탄을 발견하여 카페 손님 17명의 목숨을 구해낸 리치버그 하사의 사례도 포함됩니다.

직관 근육 키우기

나는 내 안에 두 사람이 존재한다는 걸 느낀다. 바로 나와 나의 직관이다. 내가 직관에게 반대하면 그는 언제나 나를 혼내주고, 내가 그를 따르면 우리는 아주 사이좋게 지낸다.
_킴 베이신저 Kim Basinger, 배우

경우에 따라 자동차 사고 같은 극적인 사건을 겪은 후에

---
* 인터넷 회선을 제공하거나 인터넷이 가능한 컴퓨터를 설치하고 간단한 음료나 음식을 먹을 수 있는 장소를 말한다.

직관이 활짝 열린 사람들이 있습니다. 또 어떤 경우에는 아동기에 트라우마를 경험한 탓에 자기 내면의 나침반에 의지해야만 했기 때문에 직관이 발달한 이들도 있지요. 그리고 저는 성격이 수줍고 다른 아이들과 어울리는 걸 어려워하는 아이들이 종종 사람 대신 동물에게 의지하고, 그 결과 직관적 애니멀 커뮤니케이션에 도움이 되는 예민한 연결을 형성한 경우도 있다고 확신합니다.

일반적으로 직관은 운동을 해야 발달하는 근육에 비유할 수 있어요. 동물과 커뮤니케이션을 하려면 직관을 강화하는 일이 중요하지요. 직관을 키우는 데는 시간이 걸리지만, 정기적으로 직관을 키우는 연습을 하고 자기 주변의 미묘한 신호에 귀를 기울이는 사람에게는 비교적 시간이 덜 걸린답니다. 당신이 매우 논리적이고 분석적인 사람이거나 직관적 통찰을 표현했다가 무시당하거나 비웃음을 당한 기억이 있다면, 애니멀 커뮤니케이션으로 진입하는 여정이 남들보다 좀 더 오래 걸리거나 인내와 끈기가 더 많이 필요할지도 모릅니다. 그렇다고 잘못된 것은 전혀 없어요. 여전히 당신은 할 수 있습니다. 운동으로 직관의 근육을 좀 더 키워주기만 하면 되지요. 이 장에서는 직관을 북돋울 실용적인 방법들을 알아보고, 아울러 감각하는 사람sensors과 직관하는 사람intuitives이라는 두 가지 성격 유형에 대해서도 살펴볼 거예요.

감각하는 사람과 직관하는 사람

현대의 심리학자들은 성격 특성에 관한 선구자 카를 융Carl Jung의 묘사를 지침으로 삼습니다.[11] 융은 60년 동안 심리 상담을 했고, 그러는 동안 사람들의 다양한 특징을 발견했지요. 성격 유형 상담가인 비르코 카스크Virko Kask에 따르면, "사실 그 차이들은 항상 존재해왔습니다. 수천 년 전의 베다Veda *에서도 융이 말한 것과 동일한 특질들을 묘사하고 있지요."[12] 카스크는 두 가지 성격 유형으로 구분합니다.

1. 감각하는 사람: 어떤 사람이 강력한 센서를 갖고 있다면, 그는 정보를 기본적으로 시각·청각·후각·미각·촉각의 오감, 즉 그가 직접 경험하는 형식들에서

---

* 고대 인도의 종교 지식과 제례 규정을 담고 있는 문헌. 브라만교의 성전聖典을 총칭하기도 한다. 구전되어오던 내용을 기원전 1500~1200년에 산스크리트어로 편찬한 것으로 추정되며, 고대 인도의 종교, 철학, 우주관, 사회상을 보여준다.

얻습니다. 이 감각들은 카스크가 '거짓 에고'라고 부르는, 엉뚱한 나에 관한 정보를 얻는 채널이기도 합니다. 권력과 지위, 영역, 아름다움과 직접 관련되는 정보들이지요. 이것이 앞서 얘기한, 우리가 잠잠하게 낮추기를 바라는 에고의 목소리지요.

2. 직관하는 사람: 어떤 사람이 강한 직관을 갖고 있다면, 그들은 잠재의식에서 정보를 얻습니다. 잠재의식은 거대한 기억 은행과 비슷하며, 우리가 경험한 모든 것을 영원히 저장하고 있어요.

예를 들어, 감각이 강한 사람이 종이 상자를 보면, 즉각 그 형태를 인식하고 그 인식을 통해 얻은 정보를 그대로 사용하지요. 직관이 강한 사람이 종이 상자를 보면, 잠재의식에 그 물건에 관한 어떤 정보가 '저장'되어 있는지 자동적으로 검색합니다. 감각하는 사람은 실제적이고 믿을 만하며 구체적인 정보를 선호하고, 직관하는 사람은 통찰의 속도와 깊이를 더 좋아하지요. 이는 두 가지 방식으로 나타나는데, 바로 여기가 흥미로워지는 지점입니다.

1. 직관하는 사람은 정보를 재빨리 이해하고, '거기' 존재하지 않는 것들을 보는 데 도움이 되는 패턴인식을 신뢰합니다.

2. 감각하는 사람도 동일한 패턴인식 능력을 갖고 있지만, 그것을 신뢰하지 않고, 따라서 더 갈고닦지도 않습니다. 대신 '실제 세계'에서 입증할 수 있는 것들을 신뢰하지요.

이러한 성격 유형의 차이가 어떤 사람(직관하는 사람)은 꽤 쉽게 애니멀 커뮤니케이션을 익히는 반면, 또 어떤 사람(감각하는 사람)은 더 많은 연습과 끈기가 필요하고 진전이 없어 쉽게 답답해하는 이유를 설명해줍니다. 감각하는 사람은 분석하고 증거를 찾고 논리적인 커뮤니케이션을 추구하는 경향이 있습니다. 직관하는 사람은 사실들에 대해서는 그리 신경 쓰지 않아요. 그들은 사실들 사이의 관련성과 의미와 결과에 더 관심이 많지요. 원래부터 그들은 '거기 존재하지 않는' 것을 보는 일을 편안해한답니다.

당신이 어느 유형인지 알면 애니멀 커뮤니케이션에 어떻게 접근해야 할지 알 수 있습니다. 어느 쪽인지 확실히 모르겠다면 다음을 참고해보세요.

1. 감각하는 사람은 가족과 전통, 오래된 친구, 행동하는 것에 가치를 둡니다. 왜일까요? 이들은 모두 알려진 것과 알 수 있는 것에 뿌리를 두고 있기 때문입니다. 따라서 그러한 것들은 신뢰할 수 있죠. 감각하는 사람은 '파수꾼'입니다.

2. 직관하는 사람은 관점, 개념, 가능성, 패러다임을 포함하여 지적인 장에 더 가치를 둡니다. 그들의 대화는 일반적으로 이런 영역들을 중심으로 돌아가며, 그들은 잡담에는 별 관심이 없죠. 직관하는 사람은 '선구자'입니다.

개인적으로 저는 관찰하고 생각하기를 좋아하는 조용한 사람이며, (친구들과 칵테일 한 잔을 마시며 수다 떠는 것은 정말 좋아하지만) 잡담을 하면 진이 빠지는 느낌이 들어요. 사교 행사에 참석해야 할 때는 그곳 전체를 돌아다니며 피상적인 수준의 대화를 나누기보다는, 일대일로 깊고 의미 있는 대화를 나누는 것을 훨씬 더 좋아하지요. 그러므로 저는 직관하는 사람이라는 느낌이 듭니다.

이런 구별은 당신이 동물과 커뮤니케이션을 하다가 이미 당신이 알고 있는 무언가의 이미지를 받았을 때, 그것이 그 동물에게서 온 것인지 당신 자신에게서 온 것인지 확실히 판단하기 어려울 때 도움이 됩니다. 예를 들어, 파란 공의 이미지가 떠올랐다고 합시다. 당신은 그것이 당신이 아는 파란 공과 비슷하게 보인다는 이유로 그것이 당신이 만들어낸 이미지가 틀림없다고 가정할 수도 있을 거예요. 그러나 사실 그것이 보여주는 것은, 당신의 직관이 당신의 감각보다 더 강력하다는 겁니다. 동물이 전해준 정보를 확인하는 과정에서, 예컨대 그 개가 가장 좋아하는 장난감이 파란 공이라는 사실을 알게 될 수도 있어요. 그 공은 당신이 머릿속에 떠올리고 있는 그 공과는 다르게 생겼어요. 당신이 그리고 있는 것은 말하자면, 당신 개인이라는 컴퓨터에서 나온 것이기 때문이죠.

실종된 동물을 찾을 때 저는 이미 제 잠재의식 속에 있는 나무 울타리의 이미지를 떠올린다는 사실을 알게 되었답니다. 그것은 제가 제 개와 산책할 때 보았던 울타리지요. 그럴 때 중요한 점은 그 실종된 동물이 그와 유사한 나무 울타리를 보았거나 그 옆을 지났거나 통과해갔다는 겁니다. 그것이 정확히 똑같은 나무 울타리인지 아닌지는 상관없어요.

직관적인 사람이 되기 위한 열 가지 방법

당신이 자신을 어떻게 보든 상관없이, 직관을 강화함으로써 애니멀 커뮤니케이션 기술을 향상시킬 방법은 존재합니다. 다음은 직관적인 사람이 되기 위한 열 가지 방법인데, 직접 한번 시도해보면 좋을 거예요.

1. **내면의 목소리에 귀 기울이세요.** 직관적인 사람은 자신의 직관적인 통찰과 육감의 안내에 귀를 기울입니다. 이 순간부터 저는 당신이 자신에게 일어나는 모든 직관적인 신호와 자극, 꿈과 영감에 주의를 기울일 것을 권합니다. 그냥 주의만 기울이는 것인데, 이는 그것들을 알아차리고도 그에 따라 행동하지 않거나 그냥 무시해버리는 것과는 다릅니다. 반드시 해야 할 것은 어느 정도 자신의 직관에 주의를 기울임으로써 직관에게 '훈련할 시간'을 주는 것이지요.

2. **홀로 있는 시간을 만드세요.** 직관적인 사람들은 대체로 내향적인 사람이에요. 그러나 소피 버넘의 말대로 "자신을 내향적인 사람이라고 여기든 외향적인 사람이라고 여기든, 혼자 있는 시간을 보내면 자신의 자아와 다시 연결하는 데 도움이 되고, 깊은 생각을 할 수 있는 시간도 가질 수 있습니다."

3. **창조적인 활동을 하세요.** 창조적일 때 직관도 향상된다는 것을 알아야 합니다. 창조적인 글쓰기나 시 창작, 스토리텔링, 회화나 드로잉을 시도하여 창조성이 자연스럽게 흘러나오게 만들어보세요.

4. **관찰하세요.** 우연의 일치를 알아차렸을 때나 떠오른 직관적 통찰이 적중했을 때 또는 자신도 놀랄 정도의 연관을 발견할 때면, 그 내용을 기록해둠으로써 직관을 적극적으로 활용하는 습관을 들이세요. 저는 삶 속에서 신호들을 찾으려 하고 신호들에 주의를 기울입니다. 신호들은 저를 안내해주지요. 저는 그 신호들을 무작위적인 우연이라고 생각하기보다는 그 사이의 관계와 의미를 찾으려고 한답니다. 저는 그 신호들이 우주의 브레드크럼즈breadcrumbs*라고 생각해요.

5. 몸에 귀 기울이세요. 뭔가 잘못되었다는 걸 알았을 때 배가 아프기 시작했던 적이 있었나요? 혹은 뭔가 새로운 일을 시도할 때 속이 울렁거리는 느낌이 들었던 적은 없나요? 사람들이 육감을 내장감각gut feeling이라고 말하는 데는 다 그럴 만한 이유가 있지요.

우리 내장에는 안쪽 표면을 감싸는 뉴런(신경세포)의 네트워크가 있는데, 그 네트워크가 워낙 광범위하여 어떤 과학자들은 내장을 '제2의 뇌'라고 부르기도 합니다. 신경소화기학 전문가인 마이클 거숀Michael D. Gershon은 그의 저서 《제2의 뇌The Second Brain》에서 "제2의 뇌에는 약 1억 개의 뉴런이 존재하며, 이는 척수나 말초신경계의 뉴런보다 더 많은 수"[13]라고 했습니다.

때때로 사람들이 어떤 정보를 알려줄 때 "그냥 그런 느낌이 들었어요" 또는 "그냥 알겠더라고요"라고 말하며, 두 손을 배 위에 얹는 때가 있어요. 저도 어떤 정보가 제 배 속에서 어떤 공명을 일으키면 그걸 느

• 동화 〈헨젤과 그레텔〉에서 헨젤과 그레텔 남매가 지나온 길을 빵 부스러기들로 표시한 것에서 유래한 IT용어로, 웹 사이트에서 현재 머물러 있는 페이지가 어떤 경로를 통해 들어올 수 있는 곳인지 나타내는 인터페이스를 이른다.

낄 수 있답니다. 그것은 제 직관적인 내장의 앎의 방식이지요. 여러분에게도 그런 직관적인 내장이 있습니다. 그 느낌을 믿으세요.

6. **공감으로 연결하세요.** 뇌는 자연스럽게 감정이입을 합니다. 우리에게는 '거울 뉴런mirror neuron'이라는 것이 있는데, 이것이 마치 와이파이처럼, 우리가 관찰하는 사람들과 우리의 뇌를 연결하는 것이죠. "어떤 사람의 다리에 거미가 기어 올라가는 모습을 보면 당신의 몸에서도 오싹한 느낌이 일어납니다." 네덜란드 흐로닝언대학교의 키저스Christian Keysers 박사의 말입니다. "이와 유사하게, 가령 어떤 사람이 한 친구에게 도움의 손길을 내밀었는데, 그 친구가 그 사람을 밀어내는 장면을 보게 되면, 당신의 뇌도 거부의 감각을 인지하지요."[14]

이렇게 깊은 공감을 인간 외에 다른 동물과 공유하는 것도 가능합니다. 우리는 자신을 어떤 동물의 처지에 대입해보고 거울에 비추듯 그들의 감정에 이입할 수도 있지요(저는 동물도 바로 이렇게 우리 인간에게 감정이입을 할 수 있다고 믿어요). 이 책을 읽는 여러분도 무의식적으로 그렇게 하고 있을 거예요. 애니멀 커뮤니케이션에 끌린 것도 천성이 감정이입을 잘하는 사람이기 때문일 테고요.

공감의 강도를 더 높이려면, 자신이 다른 존재에 대해 공감을 느낄 때 그것을 잘 알아차리도록 합시다.

7. 꿈에 주의를 기울이세요. 자신이 꾸는 꿈에 주의를 기울이면 자기 마음의 무의식적 사고 과정 또는 자기 뇌의 직관적인 부분을 활용할 수 있습니다. 저는 사람들이 꿈을 꾸는 동안 자신의 동물과 커뮤니케이션을 하기도 한다는 사실을 알게 되었어요. 때로는 행방불명된 동물이 자기가 어디에 숨어 있는지 알려주기도 하지요. 반려동물이 자기 건강에 문제가 있을 때 그 신호를 전송하기도 하고요. 또 사람들이 꿈속에서 세상을 떠난 동물과 만나는 경험을 하는 것도 아주 흔한 일이랍니다.

모건이 저세상으로 간 후 우리는 꿈속에서 다시 만났고, 저는 두 손으로 모건의 털을 쓰다듬고 마치 바로 옆에 있는 것처럼 모건의 눈을 들여다볼 수 있었답니다. 그건 절대 잊지 못할 굉장한 경험이었죠. 그리고 이렇게 촉각적으로 다시 연결될 수 있는 감각을 느껴본 행운아가 나 혼자만은 아니라는 걸 저는 잘 압니다. 제 고객들과 학생들 중에도 같은 경험을 한 이들이 있으니까요.

8. **모든 기기를 끄고 휴식을 취하세요.** 저는 여러분이 정기적으로 텔레비전과 라디오를 끄고 스마트폰과 태블릿을 내려놓는 등, 모든 테크놀로지 활동을 멈추는 시간을 따로 할당해놓기를 제안합니다. 혼란스러운 느낌이 드나요? 침묵 속에 머물러 있는 것, 매시간 SNS를 체크하지 못한다는 것을 생각만 해도 식은땀이 나나요? 항상 쫓기는 듯한 바쁜 생활, 멀티태스킹, 디지털 기기와의 연결, 스트레스와 번아웃만큼 직관을 억누르는 것도 없답니다. '모먼트Moment'를 비롯해 스마트폰을 얼마나 사용하는지 하루에 몇 번이나 스마트폰을 체크하는지 점검하게 해주는 편리한 앱이 많이 나와 있습니다.[15] 마음과 몸이 쉴 수 있고 영혼이 더욱 밝게 빛날 수 있도록 당신 자신을 위한 휴식 시간을 만들어두는 것이 중요합니다. 플러그를 뽑으세요. 그냥 그렇게 해봅시다.

9. **부정적 감정을 놓아 보내세요.** 부정적인 감정을 억누르거나 곰곰이 곱씹기보다는, 그런 감정들을 인정하고 놓아버릴 수 있다면 직관이 당신에게 더욱 큰 도움을 줄 겁니다. 소피 버넘은 이렇게 말했어요. "심하게 우울한 상태에서는 직관이 오류를 일으키는 경우에 맞닥뜨릴지도 모릅니다. 화가 나 있거나 흥분한 상태일 때는 (…) 직관이 당신을 완전히 실망시킬 수도 있지요." 학술지 《심리과학Psychological Science》에 실린 한 연구는 단어게임을 할 때 긍정적인 기분이 직관적인 판단 능력을 향상시킨다는 것을 보여주었습니다.[16] 저 역시 심하게 부정적인 감정은 동물과의 커뮤니케이션을 흐릿하게 만들지만, 좋은 기분은 커뮤니케이션을 도와준다는 것을 여러 차례 경험했답니다.

    그러나 한 가지 주의할 것이 있어요. 충동적인 것은 직관적인 것과는 다릅니다. 누군가의 얼굴에 주먹을 날리려는 충동은 직관이 아니에요!

10. **마음챙김 수행을 하세요.** 명상을 비롯한 마음챙김 수행은 직관과 연민을 강화해줍니다. 그런 수행법은 우리에게 내면의 자아에 귀 기울이는 능력을 키워주지

요. 마음챙김은 '자신이 현재 하고 있는 경험에 주의를 기울일 뿐 평가는 하지 않는 것'으로 정의할 수 있어요. 모든 것은 우리 내면에서 시작됩니다. 우리는 자신을 얼마나 잘 알고 있을까요? 자신과 더욱 잘 연결된 상태를 유지하는 것은 동물과의 커뮤니케이션이 더 유연하게 흘러가도록 해준다는 것을 여러분도 깨닫게 될 거예요.

커뮤니케이션의 다양한 방식

이제 애니멀 커뮤니케이션이 직관을 기반으로 한다는 것을 알았고, 직관의 근육을 강화하는 운동법들도 알아보았으니, 실제로 동물과 커뮤니케이션하는 방법을 알아봅시다.

양방향 대화
이 점은 아무리 강조해도 지나치지 않습니다. 우리가 동물과 커뮤니케이션하는 것은 양방향으로 이루어지는 대화입니다. 소리를 내지도 않고 언어를 사용하지도 않지만, 그것은 분명 대화입니다. 애니멀 커뮤니케이션은 일방적으로 동물을 리딩하는 것이 아니에요. 동물은 수동적인 방관자가 아닙니다. 거기에는 상호 간의 정보 교환이 있고, 함께하려는 의지가 있습니다. 우리처럼 동물에게도 자유의지가 있기 때문이지요.

그러므로 동물과 커뮤니케이션할 때 가장 유용한 것은 중립적 자세입니다. 그 동물이 당신에게 무엇을 알려주기로 선택하든 마음을 열고 그것을 받아들이는 데 집중해야 하는 것이죠. 커뮤니케이션을 강요하려 하거나 조종해서는 안 됩니다. 그럴 때 돌아오는 건 실패뿐입니다. 그 동물은 당신이 연결되고 싶어 하는 또 하나의 지각 있는 존재임을 잊지 마세요. 존중과 경외심에서 출발하고, 당신에게 오는 커뮤니케이션에 완전히 마음을 열어놓으세요. 동물은 이런 식의 접근에 긍정적으로 반응할 겁니다. 그리고 잊지 마세요. 당신은 양방향 대화에 참여하는 것이며, 양쪽 모두 자유의지와 결정하고 느끼고 추론할 능력이 있다는 사실을 말이에요.

중립적 위치를 만드는 도구

이 책을 읽어나가는 동안, 또는《토이 스토리^{Toy Story}》의 주인공 버즈 라이트이어의 말을 빌리자면 '무한과 그 너머로' 가는 동안, 당신이 상자에 하나하나 추가하게 될 도구 중 하나를 소개합니다. 중립적 위치에 들어가는 쉬운 방법은 이 문구를 세 번 반복하는 겁니다.

"나는 중립적이며 열려 있다."

정보를 주고받는 방식

우리가 정보를 주고받는 방식에는 기본 다섯 가지가 있답니다. 시각·청각·후각·미각·촉각이 그것이죠. 동물도 이 기본 감각들을 갖고 있어요. 이 장 앞에서 저는 이 감각들을 '감지하는 감각'이라고 묘사했지요. 여기에 더해 여섯 번째 방식도 있습니다. 그것이 바로 직관, 우리의 여섯 번째 감각인 육감이지요. 직관적인 사람들은 감각적 커뮤니케이션과 직관적 커뮤니케이션 모두에 능합니다.

애니멀 커뮤니케이션에서는 이 방식들을 모두 다 사용합니다. 이렇게 커뮤니케이션하는 것은 우리 인간에게 아주 익숙한 언어적 커뮤니케이션보다 더 섬세하고 부드럽지요. 애니멀 커뮤니케이션은 차를 운전하는 것과 비슷하다고 할 수도 있어요. 종종 동시에 한 가지 이상의 기술을 사용하지만, 어떤 기술도 상호배제적이지 않고 서로 우열을 따질 수 없다는 점에서 말이에요. 처음에 시작할 때는 흔히 한두 가지 방식으로 전달받는 것이 더 잘되는데, 어느 방식이 가장 효과적인지는 사람에 따라 다릅니다. 저의 경우는 처음에 주로 단어들을 전달받았고, 그러다가 이미지들도 섞여 들어오기 시작했답니다. 제가 가장 마지막으로 연결된 방식은 냄새였지요. 기술이 더 숙련될수록 여러 방식 사이를 수월하게 넘나들 수 있게 되며, 어떻게 전달받는가보다는 무엇을 전달받는가에 더 깊은 관심을 기울이게 됩니다.

이미지, 그림, 영상

이 방식부터 시작하는 이유는 대체로 사람들이 가장 쉽게 신뢰하는 방식이기 때문입니다. 쉽게 말하면, 꿈을 꿀 때 보이는 장면들을 기억에 떠올려보는 것과 비슷해요. 어떤 것들은 너무 생생해서 우리가 그 꿈속에 있는 느낌이 들

정도죠. 꿈속에서 우리는 깨어 있을 때와 똑같이 색깔과 명암, 형태, 움직임을 처리할 수 있어요. 동물과 커뮤니케이션을 할 때도 그와 똑같이 할 수 있답니다.

당신의 동물에게서 이미지 받기: 당신이 개에게 "어떤 산책을 가장 좋아하니?"라고 물었을 때, 물 옆으로 나무들이 줄지어선 이미지를 보게 될 수 있어요. 그렇게 단순한 이미지로 그칠 수도 있지만, 당신의 잠재의식 데이터뱅크에서 나온 정보로 그 나무들이 오리나무나 버드나무라는 것을 알 수도 있고, 그 물이 수로나 강처럼 보일 수도 있지요.

동물에게서 이미지를 전해 받을 때 우리는 실제 눈이 아니라 마음의 눈으로 그 이미지들을 감지합니다. 그 이미지들은 무작위적인 정보가 담긴 스냅사진 같을 수도 있고, 서로 연결되어 하나의 연쇄를 형성할 수도 있어요. 어떤 사람들은 비디오를 보는 것처럼 연속되는 장면을 받기도 한답니다.

당신의 동물이 당신에게 무언가를 전달하면 그 이미지들이 당신의 마음속으로 툭 들어오는 것 같은 느낌일 거예요. 그들이 갈증 난다는 걸 설명하려고 할 때 당신에게 물그릇의 이미지가 보이고, 산책하러 나가고 싶은 마음을 전달할 때는 당신 차의 뒷좌석이 보이는 식으로 말이죠.

당신의 동물에게 이미지 보내기: 당신도 이미지들을 사용해 당신의 동물과 커뮤니케이션할 수 있답니다. 당신의 동물이 진정하고 잠자리에 눕기를 원한다면, 그 동물이 자기 잠자리에 평온하게 누워 있는 모습을 머릿속에 떠올려볼 수 있겠죠. 당신의 고양이에게 고양이 화장실에서 소변을 보면 더 좋겠다는 의사를 전달하고 싶다면, 고양이가 그 안으로 들어가서 소변을 본 다음 다시 걸어 나오는 모습을 떠올릴 수 있겠고요. 이런 일련의 짧은 장면들에 기쁨의 감정을 더한다면, 고양이는 자기가 그렇게 할 때 당신이 흡족해하리라는 것을 이해할 거예요. 때로는 이미지들을 몇 차례 반복한 다음에야 동물이 그 요청을 이해할 때도 있답니다. 그리고 당신이 요청한 대로 그들이 해야만 하는 건 아니라는 것을 잊지 말아야 합니다. 병이 들거나 어딘가 다쳐서 당신의 요구를 따라주기 어려울 수도 있고요.

사람 유형: 이 방식이 가장 적합한 유형의 사람은 자신을 매우 시각적인 사람이라고 생각하거나 시각 기억이 좋은

사람, 예컨대 화가나 그래픽 아티스트나 디자이너처럼 정기적으로 이미지를 갖고 작업하는 사람입니다.

생각

이것은 당신이 동물에게서 생각을 전해 받는 겁니다. 어쩌면 당신은 당신의 동물에게서 여러 차례 생각을 받고 있으면서도 그것을 의식하지 못했을지도 모릅니다. 이 기술을 연마하려면 아주 주의 깊게 귀 기울여 듣는 연습을 해야 하지요.

이 방법에는 큰 믿음이 필요합니다. 이 방법은 의사를 전해 받는 방법 중 가장 어려운 축에 속하는데, 이는 사람들이 그 정보가 자신의 마음이 만들어낸 것이 아니라 정말로 동물에게서 온 것임을 여간해서는 잘 믿지 못하기 때문이에요. 저는 그 차이를 어떻게 알 수 있느냐는 질문을 자주 받습니다. 답은 연습이에요. 일단 당신이 단어들의 에너지와 공명하기 시작하고, 그것이 당신에게서 온 것인지 동물에게서 온 것인지 알게 되면, 음량과 음높이, 리듬, 어조까지도 분간할 수 있게 됩니다. 아주 재미있는 커뮤니케이션 방법인 셈이죠.

당신의 동물에게서 생각 받기: 당신이 저의 고양이이자 공저자인 텍사스에게 "제일 좋아하는 음식은 뭐니?"라고 묻는다면, 당신은 마음속으로 즉각 들려오는 "생선! 생선!"이라는 단어를 듣게 될 거예요. 대개 이런 생각의 형식은 자신 내면의 목소리처럼 들려옵니다. 다시 말해서 꼭 당신의 소리처럼 들리는 것이죠. 마치 책을 읽을 때처럼 말이에요.

또한 당신의 동물에게 그들이 무엇을 들었는지 물어볼 수도 있어요. 이는 그들이 행방불명되었거나 그들이 무언가에 겁을 먹고 있는데, 당신은 그들이 겁내는 것이 무엇인지 모를 때 유용한 방법이에요. 어떤 종은 매우 예리한 청각을 갖고 있죠. 말의 청각은 범위와 음조가 인간과 유사하지만, 저주파 소리부터 매우 높은 고주파 소리까지 들을 수 있습니다. 그 범위는 14Hz부터 25,000Hz(사람은 20Hz부터 20,000Hz)이고요. 말은 10개의 서로 다른 근육을 사용하여 귀를 180도로 움직일 수 있고(이에 비해 사람 귀의 근육은 3개), 소리를 들어야 하는 특정 영역을 선별하여 고립해두고는 그와 반대쪽으로 달려갈 수도 있어요. 이는 아주 작은 소리로 들려오는 훈련 지시에도 응답할 수 있다는 뜻입니다. 우리는 고함을 지를 필요가 없는 거죠.

이 생각 전달 방식에서 까다로운 점은, 동물이 준 정보에 우리 자신의 판단이나 우리가 문제시하는 사안을 투사해야 하는 건 언제인지, 그들의 생각과 감정이 우리에게 선명하게 도달하도록 중립적으로 마음을 열고 있어야 하는 건 언제인지를 배워야 한다는 겁니다. 이 점에 관해서는 뒤에서 좀 더 자세히 살펴볼 거예요.

당신의 동물에게 생각 보내기: 먼저 분명히 해두어야 할 중요한 점이 있습니다. 당신의 개가 소파에서 내려가기를 원한다면 개에게 "소파에 올라가지 마"라는 말을 보내는 것은 아무 의미가 없다는 겁니다. 그들은 '~하지 마'라는 말에는 연결되지 않고 '소파에 올라가'만 받기 때문이지요. 당신이 '소파에 올라가지 마'라는 메시지를 더 강하게 보낼수록, 동물은 더욱더 당신이 자신에게 소파에 올라가라고 요구한다고 믿을 겁니다.

동물과 커뮤니케이션할 때는 '~하지 마' '~하지 않을 거야' '~할 수 없어' '~하면 안 돼' 같은 말은 사용하지 않도록 하세요. 당신이 원하는 것을 요구하면 그에 상응하는 잠재의식의 그림이 전해질 겁니다.

사람 유형: 이 방법으로 동물에게서 정보를 받는 사람은 선생님이나 저술가, 연사, 보고서를 쓰거나 프레젠테이션을 하는 사람, 단어들에 귀 기울이거나 단어들을 만들며 시간을 보내는 사람처럼 단어를 많이 사용하여 일하는 사람입니다.

감정

아마 당신은 이미 당신의 동물에게서 감정을 전해 받고 있을 가능성이 매우 높습니다. 당신이 개를 집에 두고 외출할 때 슬퍼하는 개의 감정을 느끼겠지요. 또 말을 들판에 풀어줄 때 신이 난 말의 기분과, 고양이를 동물병원에 데려갈 때 두려워하는 고양이의 마음을 느낄 수도 있을 테고요. 저는 여러분이 이런 감정들을 어디에서 느끼는지 알아차리기를 바랍니다.

당신의 동물에게서 감정 받기: 당신의 고양이에게 새로운 고양이 집사에 대해 어떻게 느끼는지 물어볼 수 있다면 얼마나 도움이 될지 생각해보세요. 고양이가 기쁨, 분노, 불편함, 경계심 등의 감정을 당신에게 전할 수도 있어요. 개에게도 "간밤에 애견호텔에 갔을 때 어떤 기분이었니?"

라고 물어볼 수 있겠죠. 그 반응으로 받은 감정이 불안과 초조, 심지어 공포라면, 당신의 개가 편안한 시간을 보내지 않았음을 알 수 있습니다. 당신의 말을 빌려서 타고 갔던 사람이나 마구간 관리인에 대해 어떻게 느끼는지도 물어볼 수 있지요. 동물의 감정을 이해하면 엄청나게 많은 것을 이해할 수 있답니다.

감정들이 느닷없이 다가올 수도 있어요. 당신은 갑자기 슬픔이나 혼란 또는 사랑이 흘러넘치는 기분을 느낄지도 모릅니다. 때로 그 감정들은 재빨리 스쳐지나가지요. 섬광처럼 찰나에 지나가기도 합니다. 어떤 식으로 그 감정들을 받았든, 당신이 중립적인 상태에서 커뮤니케이션을 시작했다면, 그 반응이 당신의 동물에게서 왔다는 것을 거의 확신해도 좋습니다.

당신의 동물에게 감정 보내기: 감정이 담긴 메시지를 당신의 동물에게 성공적으로 보내려면, 먼저 당신의 내면에서 그 감정을 명확하게 구체화해야 합니다. 예를 들어, 고양이에게 당신이 자고 있을 때 온 집안을 시끄럽게 뛰어다니는 것이 정말로 기분 나쁘다는 것을 알리고 싶다면, 고양이에게 전할 실망감이나 불쾌감을 끌어올려야 하는 것이죠.

사람 유형: 제일 먼저 이 방식으로 동물에게서 정보를 받는 사람은 치료사나 사회복지사, 간호사, 상담사, 동물구조원 등 돌보는 일을 하는 사람, 그리고 자신의 감정을 잘 표현하거나 남들이 자기에게 감정 표현하는 것을 편안해하는 사람일 가능성이 높습니다. 이 방법을 어려워하는 사람은 감정적으로 상처를 받아서 자신의 마음과 감정을 잘 감추거나 보호하는 경향이 있는 사람들일 수 있습니다. 한 가지 예외가 있는데, 상처받았던 사람들은 자신에게 고통을 초래했던 종, 즉 인간보다는 동물에게 훨씬 더 마음이 열려 있고 그들에게 훨씬 더 감정이입을 잘하는 경우가 많답니다.

신체 감각

신체의 느낌들과 감각들도 전해 받을 수 있습니다. 이것은 아주 훌륭한 커뮤니케이션 방식으로, 저는 여러분이 이 기술을 꼭 개발해볼 것을 권합니다.

당신의 동물에게서 신체 감각 받기: 당신이 동물에게 어떤 느낌이 드는지 물었을 때 당신의 왼발에 한순간 통증이 지나간다면, 그것은 그 동물이 왼쪽 뒷발이나 발굽에서 느끼는 것과 같은 통증일 겁니다. 또는 동물이 배 속에 생긴 문제를 당신에게 설명할 때, 당신은 배 속에서 강하고 둔중한 통증을 느낄 수도 있지요. 많은 동물이 두통을 호소하므로(아마도 첨가제와 화학물질이 많이 든 질 낮은 사료 때문일 겁니다), 동물에게 느낌을 물을 때 당신의 앞머리 쪽에서 통증이 지나가는 걸 느낄 수도 있을 거예요.

다행한 점은 당신이 그런 감각들을 '소유'하는 건 아니라는 거예요. 그 감각들은 당신에게 남지 않으므로, 당신은 그 감각을 몸속에 지니고 있어야 하는 건 아닙니다. 당신은 그 감각의 주파수에 접속하고 그 감각을 이해한 다음 흘려보내는 거지요. 그것은 동물이 자신의 몸에서 느껴지는 것을 당신에게 알려주는, 흘러가는 한순간에 지나지 않습니다.

당신의 동물에게 신체 감각 보내기: 당신이 신체 감각을 사용하여 메시지를 보내고 싶다면, 먼저 당신 몸속에서 그 느낌을 상상한 다음 그것을 동물에게 전달하는 법을 배워야 합니다. 예를 들어, 당신이 구조된 개를 새로 입양했는데 그 개에게 이제는 안전하다는 것을 알려주고 싶다고 해봅시다. 당신은 그 개에게 안전한 느낌을 보내야 하지요. 그러려면 먼저 당신이 몇 차례 심호흡을 하여 긴장을 푼 다음, 자신 안에 평온함과 평화로움의 감각을 구체적으로 빚어내야 합니다. 당신의 의도를 활용하여 그 느낌에 집중하고, 그 느낌을 더욱 확장하여 개에게 닿도록 하는 것이지요. 당신의 개는 당신이 안전하다는 감각을 보내는 동안 평화의 주파수를 감지하여 긴장을 풀고 차분해지기 시작할 겁니다. 이는 겁먹은 동물을 진정시키려 할 때 유용한 방법이에요.

어떤 동물은 신체적 감각에 극도로 예민합니다. 예컨대, 슬픈 일이지만, 말은 몸 전체가 우리의 손가락 끝만큼 예민하여 털 한 오라기에 앉은 파리까지도 느낄 수 있어요. 또 악어의 얼굴은 울퉁불퉁한 작은 돌기들로 뒤덮여 있는데, 그 안에는 우리 손가락 끝보다 훨씬 더 예민한 '외피감각기관'이라 불리는 신경말단이 들어 있지요.

'우리는 코끼리를 사랑해We Love Elephants'라는 페이스북 그룹에 올라온 어떤 멋진 게시물이 순식간에 퍼져나간 적이 있습니다.[17] 그 동영상은 남아프리카의 사파리 가이드인 앨런 맥스미스Alan McSmith를 향해 수코끼리 한 마리가 돌진하는 장면을 보여줍니다. 맥스미스는 차분한 에너지가 야생동물의 행동에 어떻게 영향을 미칠 수 있는지를 완벽하게 보여줍니다. 그는 어떤 식의 신체 접촉도 없이 차분하게 자기 자리를 지킴으로써 코끼리를 진정시킵니다. 후피동물厚皮動物 *은 공포나 스트레스 같은 감정들을 감지할 수 있습니다. 차분한 에너지를 감지하면 그들은 똑같은 차분함을 느끼죠. 이 영상은 인간과 동물이 매우 깊은 수준에서 서로 연결될 수 있다는 것을 보여주는데, 저는 이것이 보통 사람들이 생각하는 것보다 훨씬 더 흔한 일이라고 믿습니다. 맥스미스는 이렇게 말합니다. "현대인도 여전히 야생의 세계와 친연성을 공유하고 있습니다. (…) 우리 자신의 존중과 존엄을 유지하려면 우리의 환경도 똑같이 존중과 존엄으로 대해야 합니다."

사람 유형: 당신이 몸에 상당히 주의를 기울이며 살아가는 사람이라면, 아마도 이것이 기본적인 커뮤니케이션 방법이라고 느낄 겁니다. 당신이 몸을 의식하는 것은 근력운동이나 요가, 달리기, 수영, 자전거 타기 등을 하면서 자신의 자세를 의식할 때이겠지요. 다행히도 이 방법을 사용하기

• 유제류有蹄類(발굽이 있는 동물)에 속하며 반추동물(되새김질하는 동물)이 아닌 포유동물 중에서 가죽이 두꺼운 동물을 통틀어 이르는 말. 코끼리, 코뿔소, 하마 등이 이에 속한다.

위해 엄청나게 튼튼해야 하는 것은 아닙니다. 사실 저는 신체적 손상을 입은 사람들이 자신의 몸에 대해 훨씬 예민한 감각을 갖고 있고, 이러한 커뮤니케이션에 매우 뛰어난 경우를 많이 봐왔답니다. 대개 이런 사람들이 다른 사람들보다 훨씬 더 빠르고 정확하게 감각을 전달받습니다.

냄새

여러분도 킁킁대며 냄새 맡기를 좋아하는 종의 이름을 몇 가지는 댈 수 있을 겁니다. 냄새와 맛은 서로 비슷하므로, 둘 중 하나를 받을 때 나머지 하나도 함께 받게 되는 경우가 많아요. 처음에는 잘 안 되더라도 걱정하지 마세요. 당신만 그런 건 아니니까요. 그저 후각을 연마하기 위해 매일 냄새 맡는 연습만 하면 된답니다.

당신의 동물에게서 냄새 받기: 이 방법은 제가 한동안 전혀 하지 못했던 커뮤니케이션 방식입니다. 그러던 어느 날 갑자기 제 후각 수용기의 스위치가 켜졌어요. 지금 저는 여우 똥에 구르는 걸 좋아하는 개와 함께 살고 있기 때문에, 그 스위치를 다시 꺼버리고 싶은 심정이지만요! 저는 신호에 걸려 정차해 있을 때 창문을 모두 닫은 차 안에서도 담배 냄새를 맡을 수 있어요. 그럴 때 둘러보면 제 주변에 있는 차에서 누군가가 창문을 다 닫은 채 담배를 피우고 있는 모습을 볼 수 있습니다.

이런 불편함이 있기는 하지만, 당신의 동물이 행방불명이 되었을 때 이 방식을 사용하여 그들에게 어떤 냄새를 접했는지 물어볼 수 있습니다. 어쩌면 그들은 모닥불 옆을 지나갈 수도 있지요. 혹은 그들에게서 시큼한 냄새나, 꽃향기, 퀴퀴한 냄새, 부패하는 냄새, 금속성이나 화학성 냄새를 전해 받을 수도 있습니다.

당신의 동물에게 냄새 보내기: 당신의 동물이 몸을 긁는 이유가 걱정이 된다면, 사용하는 세제의 냄새를 가능한 한 잘 떠올려보고, 그 냄새에 "이것 때문에 긁고 있는 거니?"라는 질문을 곁들일 수 있습니다. 당신의 동물은 섬유용 세제나 바닥 청소용 세제에 반응하고 있는 것일지도 모릅니다. 방향제와 샴푸 등에 대해 불평하는 동물이 아주 많거든요.

사람의 코에는 6백만 개 정도의 후각 수용체가 있는 데 비해, 개의 코에는 3억 개 정도의 후각 수용체가 있습니다. 게다가 개의 뇌에서 냄새를 분석하는 데 사용되는 부분은 우리보다 약 40배나 크지요. 실내에 라벤더를 가꾸면 개를 차분하게 하는 데 도움이 된답니다. 고양이의 후각은 인간의 후각보다 14배 정도 강력해요. 말의 후각은 인간보다는 예민하고 개보다는 둔하고요. 어쨌든 냄새는 중요합니다.

사람 유형: 냄새에 아주 민감한 사람이 있어요. 이들은 어떤 공간에 들어가거나 누군가를 만나거나 어떤 행사에 참가하면 첫 순간에 특유의 냄새를 감지합니다. 그냥 그런 코를 타고난 것이지요. 하지만 그렇지 않은 사람도 모두 냄새에 더 주의를 기울임으로써 후각을 발달시킬 수 있어요.

맛

맛있는 음식 먹는 걸 좋아하지 않는 사람이 있을까요? 동물 중에서도 특정한 일부는 자기가 좋아하는 맛을 우리와 나누는 걸 아주 좋아합니다.

당신의 동물에게서 맛 받기: 당신의 고양이에게 "제일 좋아하는 음식이 뭐니?"라고 물으면, 그 별미를 음미하고 있는 자신을 발견하게 될지도 몰라. 저도 어떤 고양이에게 이 질문을 했다가, 고양이 간식캔에 든 연어 살코기를 먹는 느낌을 받은 적이 있거든요. 물론 제가 실제로 먹은 건 아니지만, 그 순간 저는 그 고양이가 느끼는 정도의 흡족함을 느끼며 그 별미를 즐겼답니다. 저는 또 개에게도 제일 좋아하는 음식에 관해 질문했다가 내장으로 만든 개껌을 뜯어먹는 느낌을 받은 적이 있어요. 내장으로 만든 개껌을 아는 사람이라면, 그게 지구상에서 가장 냄새가 고약한 개 간식이라는 사실도 알 거예요.

사람에게는 약 9천 개의 미뢰가 있는 데 비해, 개에게는 1,706개의 미뢰가 있습니다. 이 때문에 개는 우리에 비해 미각이 6분의 1로 떨어지죠. 그래서 개에게는 맛보다는 냄새가 더 중요한 겁니다. 뭔가 냄새가 좋다고 느낀다면 개는 아마도 그것을 먹으려고 할 거예요. 그러니 당신의 동물이 즐기는 음식을 '먹는' 것에 관해 당신이 느끼는 역겨움은 접어두는 것이 나을 거예요. 언젠가는 그것이 당신 동물의 목숨을 구할 수도 있기 때문이죠. 당신의 동물이 심하게 아파하고 그것이 자기가 먹은 무엇 때문이라고 당신에게 전한 상황이라면, "얘가 뭘 먹었는지 아세요?"라고 묻는 수의사에게 실질적인 도움을 줄 수 있겠죠. 당신이 딱딱하고 고무로 된 스쿼시 공의 맛을 받는다면, 영문을 몰라 그저 지켜볼 수밖에 없는 상황과 달리, X선 촬영을 한 다음 수술로 공을 제거해 목숨을 구할 수 있는 거죠.

개와 고양이에게서 또 하나 흥미로운 점은 우리에게는 없는, 물에만 맞춰진 미뢰가 있다는 점이에요. 이 물에 대한 미각은 개와 고양이가 물을 핥아서 떠 올리는 혀끝 부분에 위치하고 있답니다.

당신의 동물에게 맛 보내기: 어떤 동물에게 맛을 보내려면, 그 맛에 대한 기억이나 당신의 상상력을 활용하여 할 수 있는 한 강렬하게 그 맛을 기억해내고, 그런 다음 당신의 의도를 사용하여 그 맛에 관해 당신이 묻고 싶은 질문과 함께 그 맛을 보내야 합니다. 예를 들어, 초콜릿의 맛을 상상하면서 당신의 아픈 개에게 "이런 맛 나는 것 먹었니?"라고 묻는 식이죠.

사람 유형: 주로 이런 방법으로 동물과 커뮤니케이션하는 사람들은 음식의 다양한 맛에서 많은 즐거움을 느끼거나 특정한 맛에 불쾌하게 반응하는 사람이에요. 사람 대부분에게 음식 먹는 것은 무척 쉬운 일이지만, 그 맛을 제대로 음미하는 것은 단순히 먹는 것과는 완전히 별개의 일입니다. 다음에 음식을 먹을 때는 음식에 들어 있는 맛과 질감

에 하나하나에 이름을 붙여보고, 그 맛에서 어떤 기분을 느끼는지 생각해보는 연습을 하세요. 단맛, 신맛, 쓴맛, 짠맛, 매운맛 중 어떤 맛이 느껴지나요? 부드러운가요, 바삭한가요? 너무 맛있어서 군침이 돌 지경인가요?

또 하나의 정보 수용 방식, 육감 주고받기

이제 당신은 내장의 안쪽 표면이 척수보다 더 많은 뉴런을 갖고 있는 '제2의 뇌'라는 사실을 알고 있으니, 종종 배 속에서 어떤 감정이 감지되는 이유도 이해할 겁니다. 애니멀 커뮤니케이션 워크숍에서 저는 사람들이 "그냥 알아요"라고 말하는 걸 자주 듣는데, 그럴 때 보면 그들은 배에 손을 올리고 있어요. 그건 분명 육감으로 아는 것이겠죠. 그들은 어떤 노력도 없이 그 앎을 감지하는 겁니다. 얼마나 멋진 일인가요. 제가 고래를 만나러 갈 때 당신이 동행한다면, 돌고래와 커뮤니케이션하는 것도 바로 그렇게 아무 노력 없이 수월하게 이루어진다는 것을 알게 될 거예요.

고유 주파수에 접속하기

우주의 비밀을 발견하고 싶다면 에너지와 주파수, 파동의 관점에서
생각하라.
_니콜라 테슬라 Nikola Tesla, 발명가

테슬라가 한 이 말에 아인슈타인도 동의했지요. 과학은 그
것을 증명했고요. 모든 것은 서로 다른 주파수로 진동하는
에너지로 이루어져 있고, 그 주파수는 헤르츠로 측정할 수
있습니다. 그 모든 것에는 우리의 몸과 동물의 몸도 포함
됩니다. 소리는 어디에나 존재하지요. 그것은 우주의 언어
입니다.

사운드 테라피 UK의 일레인 톰프슨 Elaine Thompson은 이
렇게 말했습니다. "마찰과 운동은 소리를 만들어낸다. 당
신의 몸이 움직이고 당신의 정신이 생각하는 동안, 그것은
당신의 물리적·화학적 구성에 의해 생성된 소리들과 함께
내부에서 공명한다. 아주 작은 세부 정보들까지 검토하기
시작하면, 우리 몸의 모든 화학물질, 근육, 기관은 물론 모
든 바이러스와 박테리아도 각각 그 자체의 정확하고 구체
적인 주파수를 갖고 있음을 알 수 있다."[18]

특정 주파수가 물이나 공기 또는 모래 같은 매개체를 통과해 움직이면, 그 주파수는 그 매개체에 영향을 미칩니다. 에모토 마사루江本勝 박사의 연구는 의도가 물에 미치는 효과를 증명했지요. 예를 들어, 물에게 "고마워" "사랑해"라고 말하고 나서 현미경으로 관찰하면 그 물은 규칙적이고 아름다운 눈꽃 모양의 결정을 형성하고, "짜증나" "미워"라고 말한 뒤에 관찰하면 형태가 뒤틀리고 구조가 무너집니다.[19] 이는 동물과 사람에게 친절함과 사랑을 갖고 말하는 것이 그들에게 치유의 효과를 낼 수 있다는 것이지요. 인체의 약 65%가 물로 구성되어 있다는 사실, 따라서 의도는 우리에게도 분명 영향을 미친다는 사실을 잊어서는 안 될 거예요.

애니멀 커뮤니케이션은 우리가 그 동물만의 고유한 주파수에 접속하는 겁니다. 그 주파수는 지문과도 비슷하다고 할 수 있는데, 우리가 커뮤니케이션하기 원하는 검은 고양이를 그와 비슷한 다른 검은 고양이와 구별해주는 것이죠. 무슨 신기한 기계를 가지고 그 주파수에 접속하는 것이 아니에요. 그 동물의 고유 주파수에 연결되려는 의도를 내고 서로 연결된 주파수상에서 메시지를 서로 주고받는 것이지요.

글로 읽으면 아주 복잡한 과정처럼 보이지만 실제로는 그렇지 않습니다. 저를 믿어도 좋습니다. 그것은 아주 단순한 기법이며, 2부에서 여러분이 쉽게 알 수 있도록 자세히 설명할 겁니다. 여기서 저는 몇 가지 세부적인 배경 이야기를 나누고 싶네요. 일단 여러분이 애니멀 커뮤니케이션을 시작하면 온갖 질문이 넘쳐나리라는 걸 잘 알기 때문입니다.

모든 생명에는 저마다의 주파수가 있어요

> 우리가 물질이라고 불러왔던 것은 에너지, 감각으로써 감지할 수 있을 만큼 진동이 낮아진 에너지다. 물질은 존재하지 않는다.
> _알베르트 아인슈타인

이제 여러분은 우리가 고체가 아니라, 사실은 진동하는 힘의 주머니라는 것을 알게 되었어요. 우리는 말 그대로, 물질처럼 보일 정도로 아주 느린 속도로 진동하는 힘의 주머니인 겁니다. 인간뿐 아니라 개도, 고양이도, 토끼도, 기니피그도, 잉꼬도요.

감정의 주파수

감정에도 각각의 주파수가 있습니다. 여기서는 몇 가지 감정의 주파수만 강조해서 보여드리고자 합니다. 가장 낮은 것부터 수치심은 20Hz, 죄책감은 30Hz, 무력감은 50Hz, 슬픔은 75Hz, 두려움은 100Hz, 욕망은 125Hz, 분노는 150Hz, 자존심은 175Hz, 용기는 200Hz, 중립성은 250Hz, 자발성은 310Hz, 포용은 350Hz, 이성은 400Hz, 사랑은 500Hz, 기쁨은 540Hz, 평화는 600Hz, 깨달음은 700~1000Hz이지요.

당신이 수치심이나 죄책감을 느끼고 있다면, 다시 말해 그 스펙트럼의 가장 아랫부분에 있다면, 당신은 알파 쪽 끝에서 위축을 경험하고 있을 겁니다. 이와 반대로, 스펙트럼의 가장 윗부분에 위치한 깨달음이나 평화와 기쁨을 느끼고 있다면, 당신은 오메가 쪽 끝에서 확장을 경험하고 있을 겁니다.

오메가

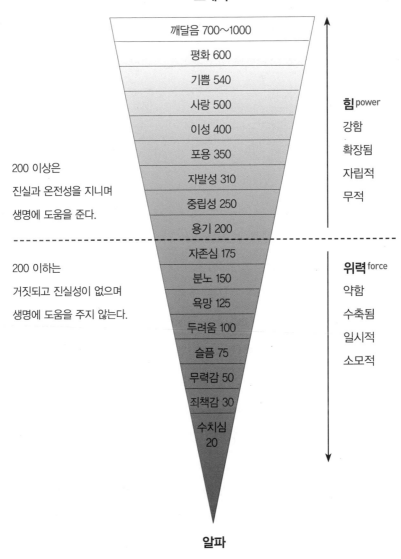

| 깨달음 700~1000 |
| 평화 600 |
| 기쁨 540 |
| 사랑 500 |
| 이성 400 |
| 포용 350 |
| 자발성 310 |
| 중립성 250 |
| 용기 200 |
| 자존심 175 |
| 분노 150 |
| 욕망 125 |
| 두려움 100 |
| 슬픔 75 |
| 무력감 50 |
| 죄책감 30 |
| 수치심 20 |

200 이상은
진실과 온전성을 지니며
생명에 도움을 준다.

200 이하는
거짓되고 진실성이 없으며
생명에 도움을 주지 않는다.

힘 power
강함
확장됨
자립적
무적

위력 force
약함
수축됨
일시적
소모적

알파

지금 당장 이 복잡한 내용을 다 이해할 필요는 없습니다. 중요한 것은 모든 생명이 공명하는 주파수로 이루어져 있다는 겁니다. 당신의 토끼도, 당신의 비단뱀도 그렇고, 당신도 그렇지요. 동물과 커뮤니케이션할 때 당신은 정보를 전송하고 전송된 정보를 받기 위해 그들의 주파수에 접속합니다. 좋아하는 라디오 프로그램을 들으려고 주파수를 맞추는 것과 아주 비슷하죠. 당신의 거북이는 정원 가꾸기 프로그램 채널에 있고, 당신의 염소는 컨트리 뮤직 채널에 있다는 식으로 생각하면 됩니다.

어떤 주파수든 정신이 집중된 상태로 그 주파수에 접속하면 명료한 신호와 정보를 받게 될 겁니다. 당신이 제대로 접속되어 있지 않다면, 당신의 마음은 당신의 요구를 만족시키기 위해 당신을 위한 정보를 만들어낼 테고요.

어떻게 접속하고 또 어떻게 접속 상태를 유지하는 것일까요? 그러려면 집중하고 초점을 맞춰야 합니다.

저는 여러분에게 다양한 주파수에 더 깊이 파고들어 보라고 권하고 싶습니다. 이에 관해서는 데이비드 호킨스David Hawkins의 저서[20]와 에모토 마사루의 저서를 살펴볼 것을 권합니다. 둘 다 정말 매력적인 책이랍니다.

감각 방식 평가하기

애니멀 커뮤니케이션을 연습하기 시작하면, 정보를 주고 받는 데 자신이 제일 좋아하는 방식이 있다는 걸 깨닫게 될 겁니다. 제가 가장 좋아하는 방법은 (생각의 형태로) 단어들을 듣는 것인데, 그러고 보면 저는 이미 15년 동안 듣는 훈련을 받았던 사람입니다. 무대감독으로서 저는 연습실에서 침묵 속에 앉아 배우들과 감독의 소리를 들으며 시간을 보냈지요. 또 극장에서는 창작팀의 지시 사항에 귀를 기울이거나, 조명이나 음향 신호를 위해 배우들에게 귀를 기울였습니다. 그것은 꽤 탄탄한 듣기 훈련이었던 셈이지요.

저는 여러분에게 모든 방식을 시도해보고 연습을 통해 각 기법을 갈고닦아 모든 방법을 자유자재로 사용할 수 있도록 만들라고 제안하고 싶습니다. 그러면 더욱 정확한 세부 정보를 얻는 데 도움이 되고, 따라서 더 정확한 커뮤니케이션을 주고받을 수 있게 되지요.

다음 두 가지 연습은 커뮤니케이션을 배울 준비를 하는 데 도움을 줄 겁니다. 그냥 넘기지 마세요. 시간도 조금밖에 안 드는 데다 나중에 큰 도움이 될 테니까요.

지구를 넘어서

이 연습은 마음의 고삐를 풀고, 상상력에 불을 지피는 창조성으로 직관의 근육을 키우는 데 도움이 됩니다. 직업상 좌뇌반구를 기반으로 한 논리적·분석적·과학적 사고를 많이 하는 사람에게 특히 유용하지요. 우뇌반구를 기반으로 한 상상적·창의적·직관적 사고를 키워줌으로써 저울의 균형을 맞추도록 도와줄 겁니다.

좌뇌반구	우뇌반구
논리적	창의적
분석적	직관적
정확한	예술적
현실적	시각적
'할 일 목록'을 좋아함	지시 따르는 걸 싫어함
현실에 기반을 둔 결정	감정에 기반을 둔 결정
언어적 의사소통	비언어적 의사소통
반복, 동일함을 좋아함	새로움, 신기함을 좋아함
과학과 수학에 뛰어남	미술과 음악에 뛰어남
사실	느낌
단어로 사고함	시각화
계산	몽상

이 연습의 요점은 당신이 상상력을 키우는 연습을 함으로써 직관적인 상태에 더 잘 조율되도록 하는 겁니다. 글쓰기와 언어는

당신의 좌뇌를 만족시키고, 창의력과 상상력은 우뇌를 만족시켜 아름다운 균형을 이루게 할 거예요.

- 노트와 펜 또는 휴대폰을 준비해 메모 또는 음성 메모를 할 준비를 합니다. 꼭 녹음을 해야 하는 것은 아니지만 그렇게 확인할 수 있게 해두는 것이 도움이 된다고 생각해요. 당신도 나중에 자신이 만들어낸 훌륭한 창작물을 들으며 흡족해 할지도 모르지요.
- 당신이 지구를 떠나 멀리 어딘가에 간다고 상상해보세요.
- 이제 가능한 한 많은 자유분방한 상상적 측면들을 포함시켜 이야기를 만들어봅니다. 제가 방금 막 생각해낸 짧은 예를 하나 소개할게요.

분홍색 셋째 별의 중심으로 날아갈 때면 종종 둘리스쿼트들을 만납니다. 그들은 지나칠 정도로 친절하지만, 당신이 깜박하고 그들의 꼬리에 입을 맞추는 인사를 해주지 않으면, 그들은 엄청 기분이 상해서 끔찍한 냄새를 뿜어내지요. 둘리스쿼트들의 가장 재미난 점은 그들이 내는 깍깍거리는 소리랍니다.

정신 나간 소리처럼 들린다는 거 알아요. 하지만 그게 바로 핵심입니다. 저는 그 이야기가 논리적이거나 현실적이거나 근거 있는 것처럼 들리기를 원하지 않아요. 상상력을 발휘하고 자유분방함을 마음껏 발산하세요. 제대로 하고 있다면 어느 순간 막 웃고 있는 자신을 발견하게 될 거예요. 당신이 만들어낸 이야기가 미친 소리처럼 들릴 테니까 말이죠. 저는 그런 게 아주 맘에 드는데 여러분도 좋아했으면 좋겠네요. 매일이든 매주든, 마음껏 상상력을 발휘하는 것이 쉽고 편안하게 느껴질 때까지 이 연습을 자주 반복해보세요.

애니멀 커뮤니케이션을 위한 또 하나의 준비 운동을 소개합니다.

감각에 주파수 맞추기

자신의 감각에 주파수를 맞추는 아주 단순한 연습 중 하나는 한 번에 한 가지 감각에만 모든 주의를 기울이는 겁니다. 저는 이 연습을 자신에게 익숙하지 않은 곳의 실외에서 하는 것이 더 좋다고 생각하지만, 그럴 수 없는 경우에는 실외든 실내든 어디서

해도 됩니다. 시간도 10분 정도밖에 걸리지 않아요. 휴대폰에 상
세한 상황을 녹음해두었다가 나중에 다시 하나씩 되짚어볼 수도
있어요.

- 밖에서 앉거나 서거나 자신에게 더 편안한 자세를 취합니다.
- 눈을 감고 몇 차례 심호흡을 하여 긴장을 풉니다.
- 들을 수 있는 모든 소리에 초점을 맞춥니다. 마음속으로 20
  가지 이상의 소리 목록을 만듭니다. 구체적이어야 합니다.
  이것이 가장 중요해요. 감각을 예리하게 만드는 데는 세부
  적인 것이 도움이 되니까요. 예를 들어, 차 소리가 들린다고
  만 생각할 것이 아니라, 그 차의 움직임, 방향, 속도, 액셀을
  밟을 때나 브레이크를 밟을 때 나는 소리에도 주의를 기울
  이세요. 새소리도 마찬가지입니다. 새소리가 들린다고 의식
  하는 것만이 아니라, 새들이 어떤 소리를 내는지, 당신에게
  서 얼마나 떨어져 있는지, 어디에서 어디로 날아가고 있는
  지, 몇 가지 새소리가 들리는지 등에 주의를 기울입니다.
- 다음에는 신체의 느낌으로 넘어갑니다. 몸의 왼쪽을 따뜻하
  게 해주는 햇살, 산들바람이 얼굴을 스칠 때 뺨을 간지럽히
  는 머리카락, 손의 온도, 허리의 통증 등 신체의 느낌을 최

소한 20가지로 지각해보세요.

● 당신이 느끼는 감정으로 넘어갑니다. 지금 그 환경에서, 살갗에 햇빛을 쬐이고 있으니 어떤 기분이 드나요? 당신 자신에 대해서는 어떤 감정이 드나요? 일과 놀이, 모험, 여행에 대해서는 어떤 생각이 드나요? 침묵이나 고독이 필요한가요? 친구들과 함께하는 사교가 필요한가요? 지금 이 순간 자기감정의 풍경에 주파수를 맞추세요.

● 다음으로는 가능한 한 많은 냄새를 찾아서 감지합니다. 코로 숨을 크게 들이쉬고 어떤 냄새가 나는지 주의를 기울여보세요. 그런 다음 그 냄새에 이름을 붙여볼 수도 있습니다. 배기가스 냄새, 거름 냄새, 라벤더향 등. 자신의 체취를 맡아볼 수도 있어요!

● 그런 다음 맛볼 수 있는 것으로 넘어갑니다. 지금 입안에서 느껴지는 모든 맛을 느껴봅니다. 그런 다음 입으로 숨을 들이쉬며 습한 공기나 풀이나 흙의 맛 등 몇 가지 맛을 더 추가할 수 있는지 알아봅니다. 맛은 냄새와 많이 얽혀 있어서 분간하기가 어렵지만 그래도 일단 시도해보세요. 자신도 놀랄 만한 결과를 얻게 될지도 몰라요.

● 이제 눈을 뜨고 볼 수 있는 모든 것에 주목해보세요. 상세

해야 한다는 것을 잊지 마세요. '나무'라고만 인지하는 것은 한마디로 너무 게을러요. 그 나무들은 당신의 위치에서 어느 쪽에 있나요? 몇 그루나 있나요? 그 나무들이 무슨 종인지 아시나요? 나무가 꼼짝도 하지 않나요, 가지가 바람에 움직이고 있나요? 나무 가지 위에 동물이 보이나요? 그 동물은 어떤 동물인가요? 그 동물은 무엇을 하고 있나요? 돌아다니나요, 가만히 있나요? 돌아다니고 있다면, 어느 방향으로 어떤 속도로 가고 있나요? 아주 근접해 있는 것과 멀리 떨어져 있는 것에 모두 주의를 기울이고, 당신이 할 수 있는 한 모든 세부 정보를 포함시켜 묘사해보세요. 사람은 보이는 것에 가장 많이 좌우되기 때문에 시각은 가장 쉬운 감각이기도 합니다. 그러니 보이는 것 20가지 이상에 최대한 상세하게 주의를 기울이세요.

이제 우리는 다음 부분으로 넘어가서, 동물과 커뮤니케이션하기 위한 준비와 연결, 효과적인 단계를 배울 겁니다. 기대되시나요? 그러면 이제 함께 가요. 저는 줄곧 여러분을 기다리고 있었습니다.

- 직관은 매우 실제적입니다.
- 당신은 감각하는 성격 유형이거나 직관하는 성격 유형일 겁니다. 성격 유형에 따라 당신이 애니멀 커뮤니케이션을 얼마나 쉽게 배울지 달라질 거예요.
- 직관은 언제든 강화할 수 있습니다.
- 모든 것은 주파수입니다. 동물과 커뮤니케이션할 때 당신은 그 동물만의 고유한 주파수에 접속하는 겁니다.
- 감각을 예리하게 벼리면 커뮤니케이션의 모든 방식을 사용하는 데 도움이 됩니다.

2부

애니멀 커뮤니케이션 시작하기

믿음을 갖고 첫걸음을 내딛어라.
계단 전체는 보지 않아도 된다. 그냥 첫 계단만 올라라.

_마틴 루서 킹Martin Luther King, 목사

준비하기

매사에 성공은 사전 준비에 달려 있고,
준비가 없으면 반드시 실패한다.
_공자孔子

바쁜 생활과 높은 기대치들에 시달리는 상태에서, 현재에
깨어 있고 느긋하고 개방적이며 침착한 상태로 옮겨 가고
자 할 때, 가장 중요한 것은 준비입니다. 이 장에서는 가슴
을 터놓는 방법Heart-to-Heart Method의 다섯 단계를 통해 효
과적인 애니멀 커뮤니케이션을 준비하는 방법을 보여주
고, 준비되지 않은 상태가 왜 문제가 되는지도 설명해줄
것입니다. 각 단계는 이전 단계를 바탕으로 쌓아나가면서,
실제로 동물과 커뮤니케이션하기에 앞서 바른 마음 자세
를 갖추는 법을 알려줄 거예요.

곧바로 커뮤니케이션으로 돌입하고 싶은 마음이 꿀떡
같을 거예요. 그러나 어떤 지름길도 진짜 성공으로 데려다

주지는 못한답니다. 지나고 보니 저도 처음 시작할 때 준비에 더 많은 시간을 쏟지 못한 것이 아쉽게 느껴졌어요. 이렇게 생각해봅시다. 백 살이 된 나무도 처음에는 작은 씨앗이었죠. 씨앗을 뿌리고 그 위에 흙을 살짝 덮고 살며시 물을 주면, 그 씨앗은 햇빛과 빗물을 받으며 싹이 트고 서서히 묘목으로 자라나며, 시간이 지나면서 키 크고 튼튼하고 안정적인 나무가 되죠. 이렇듯 나무가 한껏 제대로 자라려면 인내와 보살핌이 필요합니다. 애니멀 커뮤니케이션도 똑같아요. 꾸준한 준비와 연습으로 차근차근 능력을 갈고닦는다면, 어느덧 여러분도 진정한 애니멀 커뮤니케이터가 되어 있을 거예요.

그러니 지금은 몸의 긴장을 풀고, 마음을 차분히 하며, 간단한 전신 훑기와 명상을 통한 접지하기, 확언을 통한 가슴 열기 과정을 진행하는 데 집중하기로 해요. 그런 다음 이 장의 마지막 부분에서 첫 번째 커뮤니케이션 연습을 해보도록 합시다.

1단계: 긴장 풀기

당신은 충분히 가졌다. 당신은 충분히 하고 있다. 당신은 충분하다.
긴장을 풀라.
_작자 미상

긴장 이완 연습을 하면 혈압과 심박동, 호흡 속도가 낮아
지고, 스트레스 호르몬과 근육 긴장이 감소하며, 수면의
질과 기분, 집중력이 향상되는 등 여러 가지 이점이 따릅
니다. 자신이 불안한 사람이라거나 한동안 불안한 상태였
다는 것을 의식했다면, 정기적으로 긴장 풀기 연습을 해서
몸을 긴장 풀린 느긋한 상태에 익숙해지도록 만들 수 있
어요. 불안한 상태에서는 우리가 과호흡을 하고 그 때문에
몸에 이산화탄소가 부족해진다는 것을 아시나요? 그러면
우리 몸의 교감신경계에 빨간 경고등이 켜지고 우리 몸은
투쟁 또는 도피 반응을 준비합니다. 이제 당신이 고양이나
개라고 여기고, 이렇게 고도의 경계 상태에 있는 인간이
당신과 연결하기를 원한다고 상상해보세요. 제가 그 고양
이나 개라면 저는 아마 피해버렸을 거예요.

애니멀 커뮤니케이션을 실행하는 동안에는 정기적으로

스스로 동물의 처지가 되어 '나라면 어떤 느낌일까?' 하고 생각해보는 것이 좋습니다. 동물이라면 커뮤니케이션을 주고받는 사람이 느긋하고 편안한 상태인 것이 훨씬 좋겠지요? 저라면 그런 사람과 연결되기를 바랄 거예요.

이러한 모든 이유에서, 긴장 풀기를 애니멀 커뮤니케이션을 준비하는 과정의 일부로 삼는 것은 동물에게도 자신에게도 좋은 일이랍니다. 그렇다고 너무 무리하게 노력하지는 마세요. 억지로 강요하지 말고 저절로 긴장이 풀리도록 내버려두세요. 서두르지 말고 천천히.

깊은 긴장 이완하기

준비

- 방해받지 않을 조용하고 따뜻한 장소를 찾으세요.

- 옷은 헐렁한 게 좋아요.

- 몸을 잘 받쳐주는 의자에 앉아 두 손은 가볍게 허벅지 위에 내려놓으세요.

- 다리를 포갰으면 풀어주세요.

- 필요하면 쿠션으로 척추를 받쳐주세요.

의도

● 먼저 천천히 세 번 심호흡을 하고 긴장을 풀겠다는 의도를
갖습니다.

이마

● 주의의 초점을 이마로 가져가세요. 숨을 들이쉬면서 이마에
긴장의 주름을 만듭니다. 숨을 내쉬면서 얼굴의 긴장을 풀
어놓아 보냅니다.

입

● 천천히 숨을 들이쉬고 내쉬면서 혀의 긴장을 풀어 입의 뿌
리 쪽에서 멀리 늘어지도록 합니다.

턱

● 천천히 숨을 들이쉬고 내쉬면서 그 숨을 턱으로 보내 긴장
을 풉니다.

● 턱에 남아 있는 모든 긴장을 놓아 보냅니다.

● 코로 숨을 들이쉬고 내쉬면서 턱의 긴장을 푸는 것을 계속
합니다.

- 턱의 긴장이 풀어진 것을 느껴보세요.
- 천천히 숨을 들이쉬고, 멈췄다가, 다시 천천히 내쉽니다.

목

- 천천히 숨을 들이쉬고 내쉬면서 목으로 숨을 보내 긴장을 풉니다.
- 목이 느슨해지는 것을 느끼세요.
- 코로 숨을 들이쉬고 내쉬면서 목의 긴장을 푸는 것을 계속합니다.
- 천천히 숨을 들이쉬고, 멈췄다가, 다시 천천히 내쉽니다.

목구멍

- 천천히 숨을 들이쉬고 내쉬면서 목구멍으로 숨을 보내 긴장을 풉니다.
- 목구멍에 남아 있는 모든 긴장을 놓아 보냅니다.
- 코로 숨을 들이쉬고 내쉬면서 목구멍의 긴장을 푸는 것을 계속합니다.
- 천천히 숨을 들이쉬고, 멈췄다가, 다시 천천히 내쉽니다.

어깨

● 천천히 숨을 들이쉬고 내쉬면서 어깨로 숨을 보내 긴장을 풉니다.

● 어깨가 점점 더 무거워지는 것을 느끼세요.

● 코로 숨을 들이쉬고 내쉬면서 어깨의 긴장을 푸는 것을 계속합니다.

● 어깨가 처지면서 긴장이 풀리는 것을 지켜봅니다.

● 천천히 숨을 들이쉬고, 멈췄다가, 다시 천천히 내쉽니다.

팔

● 천천히 숨을 들이쉬고 내쉬면서 팔로 숨을 보내 긴장을 풉니다.

● 팔이 점점 더 무거워지는 것을 느끼세요.

● 허벅지에 놓인 두 손이 무거워지는 것을 느끼세요.

● 코로 숨을 들이쉬고 내쉬면서 팔을 따라 손까지 긴장을 푸는 것을 계속합니다.

● 팔이 늘어지면서 긴장이 풀리는 것을 지켜봅니다.

● 천천히 숨을 들이쉬고, 멈췄다가, 다시 천천히 내쉽니다.

복부와 내장

- 천천히 숨을 들이쉬고 내쉬면서 복부와 내장으로 숨을 보내 긴장을 풉니다.

- 복부가 뭉쳐져 있는지 이완되어 있는지 관찰합니다.

- 숨을 들이쉬고, 멈췄다가, 내쉬면서 복부와 내장의 긴장을 풉니다.

- 숨을 들이쉬고, 멈췄다가, 내쉬면서 복부와 내장의 긴장을 푸는 것을 반복합니다. 느긋하게, 살살하세요. 천천히 숨을 들이쉬고, 멈췄다가, 다시 천천히 내쉽니다.

척추

- 천천히 숨을 들이쉬고 내쉬면서 목부터 꼬리뼈까지 숨을 내려보내 긴장을 풉니다.

- 숨을 들이쉬고, 멈췄다가, 내쉬면서 척추의 긴장을 풉니다.

- 숨을 들이쉬고, 멈췄다가, 내쉬면서 척추의 긴장을 푸는 것을 반복합니다.

- 등이 당신을 받치고 있는 의자나 방석과 어떻게 닿아 있는지 관찰합니다.

엉덩이와 궁둥이

- 천천히 숨을 들이쉬고 내쉬면서 엉덩이와 궁둥이로 숨을 보내 긴장을 풉니다.

- 엉덩이의 긴장이 풀리고 궁둥이가 의자 바닥에 무겁게 가라앉는 것을 느껴보세요.

- 느긋하게 하세요. 천천히 숨을 들이쉰 다음 천천히 내쉽니다.

- 긴장이 빠져나가기 시작하면서 하체가 전보다 더 무거워지는 느낌이 드는 것을 관찰합니다.

다리

- 계속해서 코로 숨을 들이쉬고 내쉬면서 다리로 숨을 보내 긴장을 풉니다.

- 다리가 점점 더 무거워지는 걸 느껴보세요.

- 허벅지 뒤쪽이 의자와 맞닿은 느낌을 느껴보세요.

- 계속해서 코로 숨을 들이쉬고 내쉬면서 다리의 긴장을 풉니다.

- 아직 긴장이 남아 있는 곳이 있는지 관찰하고 그 부분으로 숨을 보냅니다.

발

- 먼저 눈을 감고 외부 자극에서 자신을 차단하세요.

- 바닥에 편안하게 놓여 있는 당신의 두 발에 초점을 맞춥니다.

- 당신 아래의 바닥과 발의 연결에 주의를 기울입니다.

- 신발과 양말을 벗는 것이 더 좋다면 그렇게 하고 바닥과의 접촉을 느껴보세요.

- 잠시 코로 숨을 들이쉬고 공기가 당신 몸 안에서 발 쪽으로 가도록 안내해가는 상상을 해보세요.

- 숨을 내쉴 때마다 발로 숨을 보내면서 마음속으로 '긴장을 풀어'라고 말해봅니다.

- 발이 점점 더 무거워지고 바닥과 점점 더 잘 연결되는 것을 느껴보세요.

전신

- 몸 전체가 깊이 긴장이 이완된 상태로 들어간다고 상상합니다.

- 당신은 깊이 긴장이 풀렸다고 느끼고 있습니다.

- 몇 번 더 천천히 호흡을 한 다음 눈을 뜹니다.

- 숨 쉬는 것과 느껴지는 것에 생긴 변화들을 관찰합니다.

몸에 초점을 맞춘 채 몸의 각 부분에서 긴장을 풀어나가는 동안, 당신은 자신의 마음을 긴장에서 멀어지게 하고 더욱 중심이 잡힌 상태로 만들게 됩니다.

이틀에 한 번씩 10분 동안 이 연습을 시도해보고, 나중에는 20분으로 늘려갑니다. 이것이 너무 어렵다고 느껴진다면 매일 불안해하거나 화를 내면서 얼마나 많은 시간을 낭비했었는지 떠올려보세요. 또 팽팽하게 긴장하고 있는 사람보다는 긴장을 푼 느긋한 사람과 커뮤니케이션하는 것이 훨씬 더 유쾌하다는 사실도 떠올리시고요.

긴장 이완 기법은 기술이고, 긴장을 푸는 능력은 연습할수록 향상된답니다. 기꺼이 시간을 내고, 너무 조급해하지 마세요.

2단계: 차분한 공간 만들기

차분함의 이상은 앉아 있는 고양이 안에 존재한다.
_질 르나르Jules Renard, 작가

많은 사람이 지속적인 스트레스를 견디며 살아가지요. 서글픈 일이지만, 그것은 너무 흔한 일상적 경험이어서 이

제 정상적으로 여겨지는 지경에 이르렀고, 그래서 대개 우리는 그런 스트레스를 인지하지 못하고 살아갑니다. 겉으로 드러나는 스트레스의 징후는 없을지 몰라도 스트레스와 연관된 코르티솔^{cortisol}이라는 호르몬은 우리의 정신건강과 신체건강을 갉아먹는답니다. 그러니 시간을 내어 마음을 깨끗이 정리하고 삶에 평온함을 불러들이는 일은 당신 자신뿐만 아니라 애니멀 커뮤니케이션에도 도움이 됩니다. 자신을 돕는 것과 애니멀 커뮤니케이션은 분리할 수 없이 연결되어 있으니까요.

차분한 공간을 만드는 다섯 가지 방법

여기서 제안하는 몇 가지 방법이 시작하는 데 도움이 될 겁니다.

1. **명상하세요.** 명상은 우리의 신경계와 감정들을 관리할 수 있게 해줍니다. 그건 우리가 살아가는 데 아주 큰 힘이 되어주지요. 스트레스가 신체와 감정에 미치는 영향들을 해소하도록 도와주고, 긴장을 풀 수 있는 능력도 증진시켜줍니다. 명상을 마음을 위한 봄맞

이 대청소라고 생각해보세요. 그 청소의 결과로 아무런 동요 없는 마음을 갖게 되지요. '정신 청결'이라고 불러도 되겠네요. 명상은 또한 집중하고 중심을 잡고 초점을 맞추는 데도 도움이 되어서 정신이 산만해지는 일도 점점 줄여주지요. 명상이 가져오는 또 하나의 멋진 결과는 침묵을 통해 자기 내면의 삶과 다시 연결되고 자기 내면의 목소리를 발견하게 된다는 겁니다.

2. **몸을 움직이세요.** 걷기든 춤추기든 서핑이든 요가든 아니면 태극권이든, 15분만 움직여도 기분을 좋게 해주는 엔도르핀endorphins 호르몬이 분비되어 머리를 맑게 정리하는 걸 도와줍니다. 또 움직이는 활동은 스트레스에 대처하는 능력을 향상시키고, 긴장을 풀어주며, 긍정적 사고를 키워주기도 한답니다. 더 유쾌한 기분을 느끼게 하고 더 침착하게도 만들어주지요. 움직이지 않는 것은 정체되는 겁니다. 움직이는 것은 곧 성취고요.

3. **'딱 하나만'이라는 주문을 외우세요.** 모든 과제가 긴급한 것은 아닙니다. 압도되어 꼼짝 못 하는 상태에

서 벗어나는 가장 쉬운 방법은 뭔가를 무난히 성취할 수 있는 동력을 만들어내는 것이랍니다. 여러분의 도구 상자에서 '딱 하나만'이라는 주문이 매우 강력한 도구가 되는 것도 바로 그 때문이지요. 이 장에 실린 활동들 중에서 '딱 하나만' 하는 것으로도 당신은 긍정적인 행동을 취하는 것이랍니다.

4. **환경을 바꾸세요.** 단순히 주위 환경을 바꾸는 것만으로도 완벽한 휴식이 될 수 있어요. 잠시 밖으로 나가 햇빛을 향해 고개를 들어보세요. 사물을 바라보는 물리적 시야를 바꾸는 것만으로도 난관에 대처하는 새로운 방식을 발견하게 되는 경우가 종종 있답니다. 자연은 아주 경이로운 방식으로 우리의 마음가짐을 긍정적으로 되돌려놓을 수 있습니다. 커뮤니케이션을 하기 전에 뭔가에 막혀 꼼짝 못 하는 느낌이 든다면 이 방법을 써보세요.

5. **호흡에 주의를 기울이세요.** 우리의 감정 상태와 호흡은 직접적으로 연결되어 있습니다. 불안하거나 주눅이 들거나 답답함을 느끼는 사람은 느긋하고 평온한 사람보다 더 빠르게 호흡하지요. 이때 마음이 초점을

맞출 수 있는 확언을 더하면 아주 좋습니다. 우리가 말하거나 생각하는 무엇이든 확언이 될 수 있어요. 의식과 무의식에 영향을 미치기 위해 사용하는 짧은 문장들이죠. 저는 확언을 정말 좋아해요. 들이쉬며 '나는', 내쉬며 '평온하다'라고 마음속으로 말해보세요. 들이쉬며 '나는', 내쉬며 '느긋하다'라고 말할 수도 있겠죠. 깊고 느리고 고른 숨에 초점을 맞추어 호흡하면 심박수도 떨어지고 감정 상태도 바꿀 수 있답니다.

다섯 번 호흡하기

지금 한번 해보세요.

- 다섯을 세는 동안 코로 숨을 깊이 들이쉬어 폐에 공기를 가득 채웁니다.
- 다섯을 세는 동안 숨을 멈추고, 그런 다음 다시 다섯을 세는 동안 입으로 천천히 공기를 내뱉으세요.
- 이 과정을 다섯 번 반복합니다.

기분이 바뀐 것 같나요? 답답함이나 불안감이 해소되지 않았나요? 더 차분하고 느긋해진 게 느껴지나요?

3단계: 전신 훑기

동물과 커뮤니케이션을 시작하기 전에, 반드시 자신의 몸을 점검해보아야 합니다. 그래야 동물에게서 받는 신체적 감각들을 자신의 통증이나 고통과 더 명확히 구분할 수 있으니까요.

전신 훑기는 단순히 머리부터 발끝까지 몸을 훑는 겁니다. 어떤 판단도 조정도 필요 없고, 커뮤니케이션을 시작하기 전에 당신이 어떤 것을 경험하고 있는지만 의식하면 되지요. 염려되는 부분이 발견되면, 긴장되었거나 아픈 부분으로 호흡을 보냄으로써 일종의 자기치유를 할 수 있습니다.

전신 훑기

몸 전체를 훑는 동안 당신에게 느껴지는 모든 불편함, 끈적거림, 색깔, 온도 또는 감정을 알아차리고, 나중을 위해 마음속에 기억해둡니다.

- 방해받지 않을 곳에 앉거나 섭니다. 눈을 감고 긴장이 풀리도록 세 번 호흡하세요.
- 먼저 정수리에 의식을 가져갔다가 얼굴 쪽으로 내려오면서 이마가 어떤 느낌이 드는지, 눈은 어떤 느낌이 드는지, 코와 귀, 그리고 혀와 입술과 턱은 어떤 느낌이 드는지 알아차립니다.
- 이제 머리 뒤쪽으로 의식을 옮겨 목부터 천천히 어깨로 내려옵니다. 자신이 목을 어떻게 들고 있는지, 목에 통증은 없는지, 어깨는 구부정하거나 긴장하고 있지 않은지(깊은 긴장 이완하기를 실행했다면 그런 상태가 아니어야 하지만, 만약 그렇다면 귀부터 아래로 어깨의 긴장을 풀어주세요) 관찰합니다.
- 목구멍 안을 점검합니다. 침을 삼켜보고 어떤 느낌이 드는지 지켜보세요. 편하고 자유로운가요, 아니면 불편하고 뭔

가 걸린 느낌이 드나요?

● 이제 의식을 가슴으로 가져가 숨을 쉬는 동안 폐를 지켜보고, 그다음으로 심장을 지켜보고 감정적으로 어떤 느낌이 드는지 지켜봅니다. 당신의 기분 상태는 어떤가요? 차분한 공간 만들기에 시간을 좀 더 들여야 할 것 같다고 느껴지나요?

● 이제 배로 의식을 옮기고 이어서 위장으로 내려갑니다. 배 속에서는 어떤 느낌이 드나요? 더부룩한가요? 아니면 포만감이 느껴지거나 적당히 만족스럽나요? 혹시 배가 고픈가요? 소화 상태는 어떤가요? 건강하게 소화할 수 있는 음식을 먹고 있나요?

● 왼쪽 어깨로 돌아가 왼팔을 따라 손으로 내려옵니다. 이렇게 훑는 동안 근육과 관절도 관찰합니다. 왼손에 의식이 도달했으면 거기서 잠시 머물며 손바닥과 손가락의 느낌이 어떤지 관찰합니다.

● 오른쪽 어깨로 돌아가 오른팔을 따라 손으로 내려옵니다. 이렇게 훑는 동안 근육과 관절도 관찰합니다. 오른손에 의식이 도달했으면 거기서 잠시 머물며 손바닥과 손가락의 느낌이 어떤지 관찰합니다.

- 다음으로 척추를 따라 엉덩이까지 훑어 내려가면서 불편함, 색깔, 온도, 끈적거림, 또는 단순히 뭔가 온전히 기능하지 않는 느낌으로 당신의 주의를 끄는 부분이 없는지 관찰합니다.

- 왼쪽 엉덩이로 옮겨 가서, 왼쪽 다리를 따라 내려가면서 발까지 의식을 옮깁니다. 이렇게 훑는 동안 근육과 관절도 관찰합니다. 왼쪽 발에 도달했으면 거기서 잠시 머물며 발바닥과 발가락의 느낌이 어떤지도 관찰합니다.

- 오른쪽 엉덩이로 옮겨 가서, 오른쪽 다리를 따라 내려가면서 발까지 의식을 옮깁니다. 이렇게 훑는 동안 근육과 관절도 관찰합니다. 오른쪽 발에 도달했으면 거기서 잠시 머물며 발바닥과 발가락의 느낌이 어떤지도 관찰합니다.

- 발바닥에서 시작하여 몸 전체를 위로 훑어 올라가면서, 균형이 어긋나 주의를 끌었던 모든 부분을 떠올려봅니다.

- 머리끝에 도달했으면 깊고 길게 숨을 들이쉬고 천천히 내쉽니다.

- 이제 노트를 꺼내 몸을 훑는 동안 주의를 끌었던 모든 부분에 관해 기록합니다.

4단계: 접지하기

마음속에 나무 한 그루를 기르면 노래하는 새들이 찾아온다.
_중국 속담

접지한다는 것은 지구와 당신의 연결을 더욱 잘 의식하는 것을 의미합니다. 땅에 사는 동물뿐만 아니라 바다와 하늘에 사는 동물까지 포함하여 모두 상당히 접지가 잘 되어 있지요. 그들은 소득과 성취에 대한 부담이 없고, 대신 생존과 번식과 기쁨에 초점을 맞춥니다. 현재 순간에, 지구와 태양과 달의 에너지와 연결된 채 살아가지요. 어떤 종은 수천 마일을 돌아다니며 식량을 찾거나, 보름달이 뜨는 동안 출산을 하기 위해 지구 에너지와 연결하기도 합니다.

그간 제가 지켜본 바로, 동물은 접지가 잘된 사람과 더 연결하고 싶어 합니다. 그런 사람은 폭풍우가 닥칠 때 안전한 항구 같은 느낌, 은신처와 온기를 제공해주는 은거지 같은 느낌을 주거든요. 당신 스스로 정신적으로, 감정적으로, 육체적으로 편안한 장소에 위치하도록 만드는 데 시간을 쏟는 일이 애니멀 커뮤니케이션을 하는 데 얼마나 큰 도움이 되는지는 백번을 강조해도 지나치지 않습니다. 그것은 이기적인 행동이 아니며, 장기적으로 정확하고 효과적인 커뮤니케이션을 위해 필수적이랍니다. 당신이 오랫동안 꾸준히 연습한다면 이 모든 준비 과정은 제2의 천성 같은 것이 될 거예요.

다음에 소개하는 명상은 정기적으로 자연과 접촉할 기회가 없는 사람들에게 아주 큰 도움이 될 수 있습니다. 자신이 딱히 잘 접지되어 있다고 느껴지지 않는다면, 이것은 또한 당신이 사랑하는 동물과 연결 짓기에 앞서 할 수 있는 매우 좋은 준비 단계입니다.

나무 명상

등을 똑바로 편 채로 앉아서, 긴장을 풀고 두 손은 다리 위에 놓습니다.

이제 준비를 하고, 눈을 감고 깊게 호흡합니다.

숨을 내쉬면서 나의 몸이 느긋하게 긴장이 풀린 상태로 가라앉는 것을 알아차립니다.

주의를 호흡으로 가져갑니다. 날숨에 초점을 맞추고 숨이 나에게서 떠나는 것을 지켜봅니다.

계속해서 날숨에 초점을 맞추고 숨이 부드럽게 떠나가도록 허용합니다.

숨을 들이쉬기 전에 잠시 멈추는 순간을 알아차립니다.

계속해서 모든 날숨에 초점을 맞춥니다. 현재 순간에 깨어 있으세요. 나의 숨이 아무런 강제력 없이 느긋하게 드나들게 허용합니다.

커다란 나무에 등을 대고 앉아 있다고 상상해보세요. 주변에 나무가 있다면, 실제로 기대서 할 수도 있습니다.

등 뒤에서 거칠거나 부드러운 나무껍질을 느껴봅니다. 나무의 냄새도 알아차립니다. 가지들과 잎들도 관찰합니다.

나무에 등을 대고 몸의 긴장을 풀어 나를 받쳐주는 나무를 알아차립니다. 나무가 아주 튼튼하고 굳건합니다.

등의 긴장을 더 풀고 내가 나무와 하나가 되고 있음을 알아차립니다. 나와 나무가 하나가 되고 있습니다.

나의 등은 나무의 몸통처럼 튼튼합니다. 내가 똑바로 서도록 유지시키는 그 굳건함을 느껴봅니다.

나무의 가지들이 머리와 상체에서 밖으로 뻗어나가는 것을 관찰합니다. 그것은 나의 가지입니다.

나무의 뿌리가 나의 하체에서 땅속 깊이 지구 속으로 뻗어 내려가는 것을 관찰합니다. 그것은 나의 뿌리입니다.

뿌리는 지구 속으로 점점 더 깊이 내려가고 점점 더 넓게 퍼져 나갑니다.

이제 나의 뿌리로 지구를 단단히 붙들고, 지구가 다가와 나를 붙잡는 것을 느껴보세요.

지구의 에너지를 나의 뿌리 안으로 끌어오는 것을 상상합니다. 그 에너지가 나에게 양분을 공급하고 나에게 에너지를 가득 채워줄 겁니다.

나의 두 손을 지구 안에 담그는 것을 상상해보세요. 따뜻한 지구를 만져보고 지구의 에너지를 느낍니다.

지구의 에너지를 나의 뿌리로 끌어올리고 줄기와 가지로 보내, 그 에너지가 나의 잎들에 스며드는 것을 지켜봅니다.

이제 지구의 에너지를 숨처럼 뿌리로 들이마셔서 줄기로, 가지로, 그리고 잎으로 보냅니다.

나를 붙잡고 있는 지구의 중력을 느껴봅니다.

두 손을 나무의 가지들처럼 몸에서 멀리 들어올리고, 나를 비추는 태양의 온기가 나의 가지와 잎을 따뜻하게 데워주고 나에게 생명을 선사하는 것을 느껴봅니다.

태양의 에너지가 나의 몸속으로 흘러드는 것을 느껴보세요.

내 밑에 있는 영양분 풍부한 지구의 에너지와 내 위에 있는 생명력 넘치는 태양의 에너지가 더 잘 연결되고 있음을 알아차립니다.

지구와의 연결이 내가 접지된 상태를 유지하도록 도와줍니다.

평온한 공간 속으로 점점 더 깊이 가라앉습니다.

나무와 하나가 됩니다.

내가 그 나무입니다.

지구가 나의 뿌리를 지탱하고, 태양이 나의 가지들을 보살핍니다.

잠시 짬을 내 지금의 이 느낌과 경험을 기록해둡니다. 그 기록이 내가 이런 존재 상태로 돌아오게 하는 데 도움을 줄 겁니다.

이제 다시 호흡으로 의식을 돌립니다.

날숨을 알아차리고, 날숨이 서서히 멀어져가는 것을 알아차립니다.

자신의 리듬에 맞추어 자연스럽게 천천히 호흡합니다.

천천히 깊게 호흡하고, 이 하나 됨에서 빠져나갈 준비가 되었다면, 지금 내가 있는 공간으로 의식을 되돌립니다.

다시 한번 천천히 깊게 호흡하고, 준비가 되었다고 느껴지면 부드럽게 눈을 뜹니다.

5단계: 가슴 열기

심장은 뇌가 전혀 모르는 눈을 갖고 있다.

_찰스 파크허스트 Charles H. Parkhurst, 성직자이자 사회개혁가

애니멀 커뮤니케이션을 할 때, 우리는 가슴에 무조건적인
사랑의 의도를 품고서 시작합니다. 사람들이 동물과 연결
을 맺는 것을 어려워하는 이유 중 하나는 가슴을 닫고 있
기 때문이에요. 심지어 때로는 거기에 빗장을 걸고 자물쇠
까지 채워두죠. 이런 일은 어렸을 때 일어나기도 하고 그
보다는 좀 더 최근에 벌어지기도 합니다. 영적으로 가슴
이 닫혀 있거나 막혀 있을 경우, 감정이입이 잘 안 되거나
단절감을 경험합니다. 자신을 신뢰하지 않고 자존감이 결
여되어 있을지도 모르죠. 또 깊은 불안정감이나 항상 떠
나지 않는 공포감을 느끼고 있을 수도 있어요. 이 모든 것
을 고려하면, 애니멀 커뮤니케이션은 훨씬 더 어려울 수
있습니다.

　그렇지만 사람들이 애초에 동물에게 끌리는 이유가 슬
픔이나 분노, 질투, 증오 때문인 경우도 많습니다. 동물은
어마어마한 양의 무조건적인 사랑을 주기 때문에 그들과

함께 있으면 기분이 좋아지죠. 동물은 말 그대로 그들의 존재 자체로 우리를 치유해줍니다. 그들에 의해 치유되기 위해서만이 아니라 그들의 말을 들을 수 있으려면, 우리는 시간을 들여 우리 자신의 가슴을 치유하는 과정으로 한 걸음씩 나아갈 필요가 있습니다.

가슴이 열리면 우리는 자연스럽게 다른 존재에 대한 사랑과 연민을 느끼게 되고, 뭐든 받아들일 수 있게 활짝 열린 상태가 되지요. 가슴을 여는 것은 치유 과정의 첫걸음이자 동물과 정확한 커뮤니케이션을 하는 데 핵심 요소입니다.

가슴 열기

가슴을 열고 자존감을 올리는 단순하지만 심오한 한 가지 방법은 시각적 신호나 확언에 의지하는 겁니다. 저는 여러분에게 접착식 메모지에 확언을 적고 매일 자신에게 상기시킬 수 있는 적당한 장소에 붙여둘 것을 추천합니다. 이것을 원하는 만큼 많이 만들어보세요. 더 많을수록 더 즐거워집니다. 이런 확언문은 당신의 가슴에 긍정성을 늘려줍니다. 냉장고 문이나 노트북 컴퓨터, 화장실 거울에 붙여놓아도 좋아요. 이마에 붙인다고 해도 뭐라고 할 사람이 없답니다. 아무튼 어딘가에 붙여두세요!

이제 몇 가지 확언문을 추천할 텐데, 사실 저는 여러분이 직접 자신의 확언문을 만들어보기 권합니다. 그래야 자신에게서 나오는 훨씬 큰 힘이 그 문장에 담기기 때문이죠.

- 나는 사랑을 향해 열리고 있다.
- 나는 나 자신을 용서한다.
- 나는 나 자신을 깊이 그리고 완전하게 사랑하고 받아들인다.
- 나는 균형 속에서 살아간다.
- 나는 나 자신을 존중한다.
- 나는 사랑으로 나 자신을 보살핀다.
- 나는 온전하고 완전하다.
- 나는 아름답다.
- 나는 평화와 사랑과 기쁨을 느낀다.
- 나는 건강하고 에너지가 넘친다.

확언을 큰 소리로 말해도 되고, 하루를 보내는 동안 아무 때나 확언을 만들어내도 됩니다. 버스를 타고 갈 때나 점심을 먹을 때 또는 샤워를 할 때도 좋죠. 창의성과 즉흥성을 마음껏 발휘해보세요. 버스에서 큰 소리로 외치라는 말은 아니에요. 하지만 당신이 그러기를 원한다면 시도해볼 수도 있겠죠. 다른 사람들에게도 도움이 될지도 몰라요.

확언이란 에너지를 다른 진동, 그러니까 더 긍정적인 진동으로 옮겨놓는 겁니다. 당신의 세상에 당신이 원하는 것을 끌어들이기 위해 확언을 말할 수 있지요. 처음에 확언을 말할 때는 진실이라는 느낌이 들지 않을 거예요. 그런 느낌이 든다면 애초에 그 말을 할 필요도 없을 테니까요. 이것도 씨앗을 심는 것과 같아요. 처음 심고 나서 장미꽃이 필 때까지는 어느 정도 시간이 걸리지요.

믿음과 감정을 실어 당신의 확언을 만들고, 그 확언이 이미 실현되었다고 믿으세요. 출판사 헤이하우스의 창립자이자 확언의 여왕이라고 할 수 있는 루이스 헤이Louise Hay가 여러분이 기쁘게 사용할 수 있는 많은 확언 오라클 카드를 만들어놓았답니다. *

• 루이스 L. 헤이, 《나는 할 수 있어 I Can Do It》, 엄남미 옮김, 나들목, 2018.

커뮤니케이션 해보기

지금쯤 여러분은 어서 시작하고 싶어 몸이 근질거리겠지요. 이제 더는 기다리지 맙시다. 이 연습에서 당신은 알아차림과 의식을 당신의 몸에서 당신이 커뮤니케이션하기 원하는 동물의 몸속으로 옮겨 가는 방법을 배울 거예요. 어렵고 또는 이상한 일처럼 느껴지겠지만, 아주 재미있을 거고 깜짝 놀라게 될지도 몰라요. 그냥 그 경험을 즐기는데 초점을 맞추고, 이것의 진위 여부나 결과에 대해서는 생각하지 마세요. 그저 지금 이 순간에 깨어 있으세요.

또한 이 연습은 당신의 마음을 열어주고 당신의 의식이 새로운 가능성들을 받아들이도록 북돋아줄 겁니다. 당신이 품고 있을지 모를 모든 선입견을 놓아 보내세요. 이 연습을 대하는 가장 좋은 방법은 가볍게 즐기는 마음으로 다가가는 것이랍니다.

그들의 눈으로

이 연습은 개와 고양이를 비롯하여 어느 종의 동물과도 할 수 있지만, 일단은 당신이 이미 아주 잘 알고 사랑하는 동물로 시작합시다.

- 조용한 공간을 찾아 앉아서 긴장을 풉니다. 이 연습에서는 당신 동물이 당신과 같은 공간에 있을 필요는 없지만, 이미 가까이 있다면 그래도 괜찮습니다.
- 지금 당신의 삶에 있는 동물을 생각하고 마음속으로 그 동물에게 이렇게 물어보세요. "내가 너와 하나가 되어서 너의 눈으로 모든 걸 보아도 되겠니?"
- 긍정적이거나 환영하는 반응이 느껴진다면 그들이 동의한 것임을 알 수 있어요.
- 조금이라도 저항이 느껴진다면, 지금은 그들에게 적합한 때가 아니라는 걸 이해합니다. 기다리는 것은 실패가 아니에요. 그것은 동물의 바람을 존중하는 마음이며, 또한 당신의 존재 상태에 대한 반영일 수도 있답니다. 몇 시간 또는 며칠의 시간을 줍시다. 그동안 깊은 긴장 이완하기나 차분한 공간 만들기 연습을 합니다. 그런 다음 다시 물어보세요. 그들이 동의하면 다음 단계로 계속 이어갑니다.

1단계

- 눈을 감고 당신 앞에 그 동물이 있는 모습을 떠올립니다.

- 그들의 얼굴과 모습의 특징들을 가능한 한 생생하게 머릿속
  에 그려보세요. 수염의 길이, 발의 크기, 길고 빛나는 갈기
  의 윤기 등에 주의를 기울입니다.

- 서 있는 모습, 앉아 있는 모습, 당신 앞에 쭉 뻗고 누운 모습 등
  을 그려보고 이렇게 말하세요. "나와 함께 있어줘서 고마워."

- 당신이 그다지 시각적인 사람이 아니더라도 걱정하지 마세
  요. 대신 그들이 거기 당신과 함께 있다고 상상하고 그들의
  모습을 기억해냅니다.

2단계

- 이제 당신이 아주 작은 버전의 당신으로 줄어든다고 상상해
  보세요. 줄어들어서 당신의 가슴속으로 들어갑니다. 당신은
  당신 안에 있는 아주 작은 버전의 당신 자신이 되어가고, 당
  신의 바깥 몸은 여전히 원래 그 자리에 남아 있어요.

- 자신 안의 자신이라는 이미지를 더 쉽게 유지하려면, 빛으
  로 된 점의 이미지로 변형하거나, 요정이나 유니콘의 이미지
  등 당신이 유지하기 쉬운 이미지로 변형해보세요.

3단계

- 당신의 가슴속에서 천천히 위로 떠올라 목으로, 그리고 이어서 머릿속으로 올라갑니다.

- 머리 맨 위에는 작은 문이 하나 있습니다. 문의 모양은 당신이 원하는 어떤 모양이든 괜찮아요. 마음껏 창의력을 발휘해 보세요.

- 그 문을 열고, 이제 작은 빛의 점으로서(또는 당신이 선택한 이미지로서) 당신은 당신 머리 위 밖으로 나가 당신 동물의 머리 위로 날아갑니다.

- 당신 동물의 머리 위에도 문이 하나 있습니다.

- 당신 동물의 문을 열고, 안으로 살며시 들어가 문을 닫으세요.

- 당신의 동물이 마음을 바꿔 당신에게 나가달라고 할지도 모르니 그런 상황에도 마음을 열어둡니다. 때로는 그들이 당신의 존재감을 낯설게 여겨서 아주 짧은 시간 동안만 허용하고 싶어 할 수도 있어요. 그들이 당신에게 떠나달라고 한다면, 즉시 그들의 요구를 존중하여 뒤의 11단계에 나와 있는 안내를 따라 그들의 몸에서 나와 당신 자신의 몸으로 돌아갑니다.

4단계

- 당신 동물의 가슴속으로 미끄러져 내려가서, 그들이 당신이 거기 있는 느낌에 익숙해질 때까지 기다려줍니다.

- 이제 당신은 당신의 동물과 하나가 되었습니다. 당신은 당신의 동물입니다. 당신이 그들에게 무언가를 해달라고 요청한다면, 당신은 그들의 몸속에 있는 그들로서 그 요청을 하는 겁니다. 이때 당신의 몸은 원래 자리에 그대로 앉아 있습니다.

- 천천히 그들의 눈으로 미끄러져 올라가 평생 처음으로 그들의 눈을 통해 바라봅니다. 경이롭지 않은가요? 당신 자신의 시각은 모두 사라지고 이제 그들의 시점에서 만물을 완전히 다르게 바라보게 될 겁니다.

- 그들이 무엇을 볼 수 있는지, 어떻게 보는지 알아차립니다. 당신이 바닥 가까이에 있는지 아니면 높이 올라가 파노라마로 보고 있는지 알아차리세요.

5단계

- 이제 그들을 보호해주는 외피에 초점을 맞춰보세요. 당신 친구의 털, 깃털 또는 비늘에 말이죠.

- 그들의 외피를 입고 있는 느낌이 어떤가요?

- 그들에게 그것은 어떤 의미인가요?

6단계

- 당신의 동물에게 "너는 무엇을 하는 게 재미있니?" 하고 물어봅니다.
- 이제 당신의 동물이 된 당신이 그 재미있는 일을 해보세요. 당신은 들판을 질주하거나 제일 좋아하는 친구에게 날아가 그 친구의 어깨에 앉거나 그들의 목에 코를 비비는 자신을 발견하게 될지도 모릅니다. 흐름에 맡기고, 무엇이든 당신의 동물이 당신이 경험해보기 원한다고 느껴지는 것을 하세요.
- 이 재미있는 일을 하면 어떤 기분이 드는지 주의를 기울입니다. 당신의 동물이 그 일을 왜 그렇게 좋아하는지 알아차리세요.
- 그리고 마음을 열어두어야 합니다. 그들이 그 일을 즐기는 이유는 당신이 생각하는 그 이유가 아닐 수도 있으니까요.

7단계

- 이제 당신이 동물이 된 당신 앞에 서서 당신에게 소리 치거나 꾸중하거나 "조용히 해!" 또는 "방해하지 말고 좀 비켜줄

래?"라고 말하는 것을 상상해봅니다.

● 당신의 동물로서 어떤 느낌이 드는지 주의를 기울이세요.
당신이 사랑하는 누군가가 당신에게 가혹하게 말할 때 몸의
느낌은 어떤가요?

8단계

● 이제 당신이 동물이 된 당신 앞에 서서 "사랑해. 넌 정말 특
별해" 하고 사랑의 말을 건네는 장면을 그려봅니다.

● 당신의 동물로서 어떤 느낌이 드는지 주의를 기울이세요.
당신이 사랑하는 누군가가 당신에게 다정하게 말할 때 몸의
느낌은 어떤가요?

9단계

● 잠시 시간을 내어 당신의 동물에게 그들이 당신에게 얼마나
큰 의미인지, 그들이 당신의 삶에 존재하는 것을 당신이 왜
그렇게 고마워하는지 알려주세요.

10단계

● 당신의 동물에게 "내게 줄 메시지나 선물이 있니?" 하고 부

드럽게 물어보세요.

- 무엇이든 당신에게 오는 것을 열린 마음으로 받으세요. 그것은 수정이나 상자 같은 구체적인 것일 수도 있고, 어떤 감정 또는 이미지 또는 단어들일 수도 있어요.
- 당신이 받은 것을 감사하며 받아들이고 "고마워"라고 말하세요.

11단계

- 이제 당신 동물의 몸을 떠날 준비를 합니다. 당신과 당신 동물이 원할 때면 언제든 다시 돌아올 수 있음을 알고 있습니다.
- 그들에게 "이제 나는 너의 몸을 떠날 거야"라고 말하고 그들의 머릿속으로 올라갑니다.
- 거기서 문을 열고 밖으로 나간 다음 문을 닫습니다.
- 다시 당신 자신의 머리 위로 날아가 문을 열고 안으로 들어간 다음 문을 닫습니다.
- 당신의 가슴속으로 미끄러져 내려갑니다.
- 눈을 감은 채로 당신 앞에 있는 당신 동물의 모습을 그려봅니다.

- 시점이 바뀌었고 이제 당신은 당신의 자리에서 동물을 바라보고 있음을 알아차립니다.

- 다시 한번 그들에게 감사를 전합니다. "나와 함께 이 연습을 해줘서 고마워"라고 말하세요.

- 당신 앞에 있는 그들의 이미지를 부드럽게 놓아 보내고 그들이 하던 일을 계속하도록 둡니다.

12단계

- 당신 자신과 당신의 가슴에 있는 작은 빛의 점으로 다시 초점을 옮깁니다.

- 작은 버전의 당신 안으로 다시 들어가세요.

- 밖으로 확장하여 당신 몸의 모든 부분을 채웁니다.

- 당신 몸을 알아차리는 상태 속으로 다시 자신을 데려옵니다.

- 몇 초 동안 손가락과 발가락을 움직여봅니다.

- 천천히 깊게 호흡을 하고 숨을 놓아 보냅니다.

- 당신이 완전히 돌아왔다고 느껴지면 살며시 눈을 뜹니다.

13단계

당신이 경험한 모든 것을 기록해두는 것도 좋습니다.

- 당신 동물의 눈으로 바라보았을 때 알아차렸던 것들

- 그들의 외피를 입고 있을 때의 느낌

- 가혹한 말에 대해 느꼈던 자신의 반응

- 다정한 말에 대해 느꼈던 자신의 반응

- 당신의 동물이 당신에게 준 메시지 또는 선물. 그들이 그것을 당신에게 준 데에는 목적이 있습니다. 당신이 그것을 받은 것은 우연이 아닙니다.

당신의 동물과 함께한 경험이 어땠나요? 그 경험이 당신의 마음을 굳은 틀에서 꺼내주었나요? 혹시 거부감이 들진 않았나요? 자신이 이 모든 경험을 지어냈다고 느끼는 사람도 있을 거라는 거 알아요. 당신은 정말 당신의 상상력에게 자유를 허락할 필요가 있습니다.

당신에게 이 연습이 전혀 효과가 없었다고 느낀다면, 당신이 너무 많은 걸 기대하지는 않았는지 자문해보세요. 이를테면 흐름에 내맡기고 무엇이든 당신에게 오는 대로 받아들이는 것이 아니라, 어떤 견고하고 구체적인 것을 기대했던 것은 아닌가요? 자신의 동물이 어떤 놀이를 하고 싶어 하는지 자신이 잘 안다는 확신이 들어도, 때로는 그들이 전혀 다른 바람을 표현하는 것을 알고 놀라게 될 때도 있습니다. 최대한 중립적인 태도를 취하면서 그들이 표현하고 있다고 느껴지는 것을 따라가세요. 당신이 이미 예상했던 것이라 하더라도 말이죠.

이 연습이 정말로 당신이 바랐던 것처럼 되지 않았다고 느끼나요? 혹시 바라는 대로 된 부분이 있다면 그 부분만 따라가봅니다. 다른 날 언제든 다시 해볼 수 있어요.

어떤 사람은 자신의 머리에서 나가서 동물의 머리로 날아갈 때 자기 머리의 문을 닫아두는 쪽을 더 선호합니다. 그 문을 열어놓으면 자신이 열려진 채 모종의 부정적인 공격에 취약하게 노출될까봐 염려하는 겁니다. 제게는 그런 두려움이 없고, 저는 그 문을 열어두는 것이 제 자신에게 다시 돌아오라고 상기시켜주는 것 같아 더 좋습니다. 애니멀 커뮤니케이션의 많은 경우가 그러하듯, 중요한 것은 스스로 자신에게 맞는 길을 찾아내고, 자신과 자신의 마음가짐에 가장 효과적으로 작동하는 것이 무엇인지 찾아내는 일입니다. 제가 동물의 머리 안으로 들어간 다음에 문을 닫는 이유는, 제가 그 동물로서 '움직일' 것임을 알기 때문입니다. 그러면 높이 자란 풀밭을 헤치며 달리고 여우 똥에 뒹굴텐데, 그러는 동안 그 문이 열린 채 덜커덕거릴 것을 생각하면 신경이 쓰이거든요.

팅신의 농불만 반대하지 않는다면 이 연습을 가능한 한 많이 반복하세요. 그럴수록 동물과 당신의 연결이 더 돈독해지고, 당신이 틀에서 벗어난 사고를 할 수 있는 능력도 커지니까요. 그러면 모든 동물과의 커뮤니케이션이 더욱 강해집니다. 이 연습을 할 때마다 당신은 자신의 선입견에서 벗어나 당신의 동물이 당신에게 표현하는 것의 흐름에 내맡기는 방법을 계속 익히는 겁니다. 게다가 당신의 동물도 당신에게 요령을 가르쳐줄 수 있게 된 것을 정말 기뻐할 거예요. 동물은 우리의 교사가 되어 적극적이고 경청하는 학생에게 용기를 불어넣어주는 것을 정말 좋아한답니다.

더 넓게 확장된 세계가 당신을 향해 열리고 있습니다. 당신은 그 세계가 3차원이 아니라는 것을 배워가고 있습니다. 그것은 한계가 없는 세계이며, 무엇보다 당신이 들어갈 수 있는 세계입니다.

요약

- 준비는 애니멀 커뮤니케이션의 토대입니다. 여유롭게 준비하고, 당신이 느끼는 스트레스와 분주함의 정도에 맞추어 조정하세요.
- 긴장이 풀렸을 때 커뮤니케이션은 더 편안하고 자연스럽게 이루어집니다.
- 당신이 침착하고 잘 접지되어 있을 때, 동물은 더욱 기꺼이 당신과 연결하려고 할 겁니다.
- 커뮤니케이션하기 전에 전신을 훑어 당신 자신의 신체 감각과 동물의 신체 감각의 차이를 이해합니다.
- 동물을 향해 열린 가슴이 될 방법을 찾습니다.

연결하기

우리 최초의 스승은 우리 자신의 심장이다.

_샤이엔 Cheyenne족 속담

동물과 연결을 지을 때 사용하는 가슴을 터놓는 방법도 다섯 단계로 나눌 수 있습니다. 맞아요, 겨우 다섯 단계입니다. 간단하니 정말 좋지요? 이 장에서는 한 번에 한 단계씩 안내해드릴 거예요. 그런 다음에 고양이나 개에게 물어볼 수 있는 질문들을 제안해드릴 거예요. 물론 그 질문은 다른 종에게 적합하도록 조정할 수 있어요. 또한 동물과의 커뮤니케이션을 마무리하는 단순명료한 연습에 대해서도 설명해드릴 겁니다.

애니멀 커뮤니케이션의 접근법

애니멀 커뮤니케이션에는 기본적으로 두 가지 접근법이 있는데, 처음에는 둘 다 시도해보고 어느 쪽이 자신에게 더 잘 맞는지 찾아보기 바랍니다. 먼저 한 가지 접근법을 몇 달 동안 연습을 해본 뒤에, 반대쪽 접근법을 시도하는 모험을 해보세요. 당신의 애니멀 커뮤니케이션이 최대한 융통성 있고 유연하게 이루어지게 하려면 당신의 도구 상자에 두 방법을 모두 갖춰두는 것이 정말 큰 도움이 될 테니까요.

얼굴을 마주하고 하는 애니멀 커뮤니케이션

당신은 동물을 당신 앞에 두고 커뮤니케이션 연습을 하는 게 더 좋다고 생각할지도 모릅니다. 어떤 사람은 이런 방식이 '정상적'이고 익숙하다고 느껴서 더 선호하기도 하지요. 하지만 그러면 함정에 빠지기 쉬우니 조심하세요. 동물이 고개를 돌리거나 하품을 하거나 멀리 가버리거나 잠을 자러 간다면, 당신은 성급하게 사람들 사이의 커뮤니케이션 때와 같은 결론을 내려 그들이 커뮤니케이션에 관심이 없다고 생각하기 쉽습니다. 그러나 이런 결론은 오해일 수 있어요. 여러 해 동안 저는 수천 명의 학생에게, 동물이 그들을 보고 있지 않고 심지어 전혀 주의를 기울이지 않는 것처럼 보인다고 해서 그들을 상대하지 않거나 그들과 커뮤니케이션하지 않는 것이 아님을 실례로써 증명해왔습니다. 바다에 있는 동물과 그들을 보지 않으면서 커뮤니케이션하는 것도 가능하니, 커뮤니케이션을 할 때는 열린 마음을 유지해야 합니다.

동물과 얼굴을 마주하고 커뮤니케이션할 때는 그들이 느끼는 편안함의 수준에 민감하게 주의를 기울여주세요. 당신이 똑바로 쳐다보면 불편해하는 동물도 있답니다. 그런 경우에는 '부드러운 눈빛'으로 약간 옆이나 아래로 시선을 두어야 그들이 긴장을 풀고 안전하다고 느낄 수 있어요. 부드럽고 온화하게 생각하세요.

사진을 통한 애니멀 커뮤니케이션

이상하게 보일지도 모르지만, 사진을 가지고 그 속에 담긴 동물과 커뮤니케이션을 연습하는 것이 동물과 한자리에서 함께 연습하는 것보다 더 쉬운 경우가 많습니다. 연습하는 내내 사진은 당신의 손이나 당신 옆에 남아 있어서, 동물의 행동 때문에 용기를 잃을 일도 없지요. 이 경우에는 고요함이 존재하므로 집중을 유지하는 것도 더 쉬워요.

저는 학생들을 가르치는 동안 90%가 처음 시작할 때는 동물의 사진을 가지고 커뮤니케이션하는 것을 더 쉬워한다는 사실을 알게 되었답니다. 놀랐나요? 그건 그들이 초점을 유지하기가 쉽기 때문이에요. 눈을 감아 정신을 산만하게 하는 요소를 제거할 수 있고, 다시 눈을 뜨면 동물의 이미지가 여전히 자기 앞에 있다는 것도 알기 때문이지요.

사진과 커뮤니케이션하는 것은 아니랍니다. 사진은 그 동물의 에너지를 향해 가는 경로이자, 그 동물의 고유 주파수로 안내하는 링크이며, 그냥 소품이라고 생각해도 됩니다.

도움이 될 만한 사진의 요건을 요약해보았습니다.

사진의 요건

- 동물의 눈이 선명하게 보이는 것
- 눈에 반사된 조명이나 섬광이 없을 것
- 눈이 빨갛게 나오지 않은 것

- 동물의 눈높이에서 촬영한 것

- 해상도가 높은 것(500kb 이상)

- 맹수의 경우, 머리와 목이 나온 한쪽 옆모습, 그리고 전신이 담긴 사진

- 가능하면 야외의 자연광에서 찍은 것

- 사진에는 한 동물만 담겨 있을 것

- 사진에 사람이 없을 것(말에 사람이 타고 있는 것은 특히 안 됨)

- 말 위에 러그나 덮개가 없을 것. 마구가 하나도 없으면 더 좋아요.

동물에게 백내장이 있거나 앞을 보지 못하거나, 한쪽 혹은 양쪽 눈이 없는 경우에도 그들과 커뮤니케이션할 수 있답니다. 그들의 얼굴과 몸이 선명하게 나온 고해상도 사진을 준비하세요. 때로는 선택할 수 있는 사진 두 장을 가지고 하는 것도 도움이 됩니다.

이제 호흡하세요.

가슴을 터놓는 방법

호흡의 중요성

여러분은 아마 호흡에 대해 생각하는 일이 드물 겁니다. 호흡은 우리가 무의식적으로 하는 행위이고, 우리는 심한 감기에 걸렸거나 스노클 잠수를 할 때 또는 숨이 찰 때처럼 관심의 영역으로 들어올 때만 호흡을 관찰하지요.

이 첫 단계를 하는 동안 저는 여러분에게 코로 숨을 들이쉬고 입으로 내쉬라고 요청할 텐데, 그렇게 하는 데는 아주 중요한 이유가 있어요. 이런 호흡에 집중을 하고 그 호흡을 알아차릴 때 당신의 주의가 현재 순간에 맞춰지기 때문이지요.

당신이 들숨과 날숨을 모두 코로 쉬는 것을 좋아하고, 그런 방식으로도 현재 순간에 완전한 주의를 기울일 수 있다면 그렇게 해도 됩니다. 그러나 마구 치닫는 생각들을 놓아 보내고 차분한 느낌을 받기 위해 도움이 더 필요하다고 느낀다면 코와 입으로 하는 호흡법을 시도해보세요. 시간이 지나면서 어느 방법이 애니멀 커뮤니케이션하는 데 더 도움이 되는지 스스로 발견하게 될 거예요.

최적의 커뮤니케이션 환경

애니멀 커뮤니케이션을 하는 데 가장 좋은 장소가 어디일지 생각해보세요. 처음에는 편안하고 보호받는다고 느끼며 평화롭고 조용한 곳에서 하는 것이 좋답니다.

모든 기기는 꺼둡니다. 노트와 펜을 옆에 두어, 동물이 전하는 모든 정보를 기록할 준비를 해둡니다. 양초와 향, 당신 동물의 사진들을 가지고 분위기를 더 강화할 수 있습니다. 어깨에 다채로운 색상의 스카프를 두르거나 다리에 담요를 덮는 것도 좋습니다. 이런 물리적 신호들은 시간이 지날수록 깊이 새겨져, 지금 당신이 당신의 고요함의 지점 still-point에 들어서고 있고 애니멀 커뮤니케이션을 준비하고 있다는 것을 당신의 감정적·정신적·육체적 몸에게 상기시켜줄 겁니다. 그렇게 한 번씩 연습할 때마다 당신은 그저 이 순간에 존재하면서 커뮤니케이션하는 것을 점점 더 쉽게 느끼게 될 거예요.

1단계: 호흡에 연결하기

☐ 눈을 감고 등을 똑바로 세우고 앉아서, 발은 바닥에 평평하게 대고 두 손바닥은 무릎 위에 내려놓습니다.

- ☐ 호흡에 모든 초점을 맞추세요.

- ☐ 코로 천천히 숨을 들이쉬고 입으로 천천히 내쉽니다.

- ☐ 다시 한번 코로 천천히 숨을 들이쉬고 입으로 천천히 내쉽니다.

- ☐ 이번에는 코로 천천히 숨을 들이쉰 다음, 멈췄다가, 입으로 천천히 내쉽니다.

- ☐ 자신에게 자연스러운 리듬으로 이 호흡을 계속합니다.

- ☐ 들이쉬며 '나는', 내쉬며 '평온하다'라고 속으로 생각합니다.

- ☐ 온몸을 훑으면서 긴장하거나 팽팽한 지점이 있는지 찾고, 그 지점들로 숨을 보내려는 의도를 내면서, 매번 숨을 내쉴 때마다 점점 더 깊이 이완합니다.

- ☐ 당신의 몸이 모든 긴장을 놓아 보내는 것을 느껴봅니다.

- ☐ 숨을 들이쉬고, 멈췄다가, 내쉬며 더 깊이 이완합니다.

- ☐ 숨을 들이쉬고, 멈췄다가, 내쉬며 더 깊이 이완합니다.

- ☐ 숨을 들이쉬고, 멈췄다가, 내쉬며 더 깊이 이완합니다.

- ☐ 이제 당신의 몸은 긴장이 풀리고 더 부드러운 느낌이 듭니다. 당신의 의식은 더 깨어 있고 기민해졌습니다. 당신은 차분하고 평화로운 느낌이 듭니다. 완벽합니다. 이것이 당신의 고요함의 지점입니다.

이 단계를 얼마나 오래해야 하는지는 대개 당신 삶의 상황들이 얼마나 동요된 상태인지, 그리고 당신이 자신의 기분을 평온하고 이완된 기민함의 상태로 얼마나 쉽게 바꿀 수 있는지에 달려 있답니다. 그러나 앞 장의 기법들과 과정들을 통해 잘 준비해왔다면 이런 상태로 옮겨 오는 것이 쉽게 느껴질 거예요. 다음으로 넘어가기 전에 자신을 보살피고 고요함에 자신을 내어놓는 이 시간을 소중히 느껴보세요.

2단계: 가슴 열기

☐ 당신의 의식을 심장이 있는 부분으로 내려보내 거기에 머물게 합니다. 피를 돌리고 박동하는 실제 심장일 필요는 없어요. 글자 그대로 하지 않아도 괜찮습니다. 전반적인 가슴 부분이면 됩니다.

☐ 동물을 향한 당신의 사랑에 연결합니다. 당신이 아끼고 사랑하는 동물을 생각하세요. 이 생각이 자동적으로 사랑의 주파수를 작동시킬 거예요.

☐ 그 사랑의 안식처에서 휴식하세요.

☐ 당신이 그 동물을 왜 그렇게 사랑하는지 되새겨봅니다. 함

께 겪었던 모든 행복한 순간들을 회상해보세요.

□ 당신이 잘 모르는 동물과 커뮤니케이션하기를 원하는 경
우라도, 사랑의 주파수에 모든 초점을 맞추세요. 그 주파수
에 고정하고, 당신이 그 동물을 사랑하거나 존경하는 이유
가 무엇인지, 그들의 삶에 변화를 만들어주기 바라는 이유
가 무엇인지를 되새기는 것은 당신의 동물을 상대로 할 때
와 똑같이 중요합니다.

□ 당신의 심장이 당신이 느끼는 사랑의 깊이로 가득 차, 터질
듯한 상태라고 상상해봅니다.

□ 동물과 커뮤니케이션하고 싶다는 모든 바람은 사랑의 장소
에서 기원한 것이어야 함을 명심합니다. 여기에 판단이나
비판을 위한 공간은 없습니다.

당신은 지금 가슴이 더 열렸고 사랑 어린 마음이 되었다
는 것을 알아차렸을지도 모릅니다. 여기가 바로 동물에게
우리와 함께하는 것이 안전하다고 느끼게 해주는 장소, 우
리가 모든 동물과 커뮤니케이션을 하는 장소입니다.

3단계: 가슴과 가슴 연결하기

☐ 이제 당신이 의도를 가지고, 당신 가슴에 가득한 사랑 일부를 확장하여 당신이 커뮤니케이션하기를 바라는 동물의 심장 부분에 닿게 합니다. (동물의 심장이 정확히 어디에 위치해 있는지 신경 쓸 필요는 없어요. 그 부근이면 됩니다. 핵심은 의도입니다.) 그 사랑의 주파수가 동물에게 닿아 당신과 동물의 가슴을 연결해준다고 믿으세요.

☐ 당신이 시각적인 사람이라면 당신의 사랑이 뻗어나가 그들에게 도달하는 장면을, 가슴과 가슴을 연결하는 부드러운 빛줄기로 그려보세요. 그 빛줄기의 색은 이 순간 당신과 공명하는 것이면 어느 것이든 좋습니다.

☐ 이제 당신은 당신이 커뮤니케이션할 동물과 가슴으로 연결되었습니다.

당신은 그 동물과 커뮤니케이션하려는 의도를 품고서 그들의 고유 주파수에 접속했습니다. 그 주파수가 바로 그들을 개별적인 존재로 만들어주는 겁니다. 이제 연결되었으니 당신은 그 동물에게서 오는 인상들을 보고 느끼기 시작했을지도 모릅니다. 좋은 일입니다. 그랬다면 그것을 노트에 기록하고 다음 단계로 계속 이어갑니다.

4단계: 사랑한다고 말하기

☐ 소리 없이 마음속으로, 또는 당신이 원한다면 소리 내어 그
동물에게 "사랑해"라고 말하고 그들의 이름을 불러주세요.
"사랑해, 텍사스" 하는 식으로요.

☐ 원한다면 한두 번 더 반복하세요.

이렇게 하는 것은 그 동물에게 우리가 사랑과 다정함을
품고 있음을, 무조건적 사랑의 위치에서 그들에게 다가가
고 있음을 알리기 위해서입니다.

당신의 동물이든 친구의 동물이든 아니면 처음 만난 동
물이든 상관없이 여전히 당신은 그들과의 커뮤니케이션
에 앞서 그들에게 무조건적 사랑을 선언할 수 있습니다.
나눌 수 있는 사랑의 양은 무한합니다.

5단계: 존중하기

저는 매너가 양방향으로 작동한다고 느낍니다. 우리는 우
리의 개들이 우리가 말하면 앉거나 엎드리거나 그 자리

에 가만히 있거나 달려오기를 기대하지요. 또는 우리의 말들이 멀리서 뭔가 으스스한 광경이 눈에 들어와도 곧바로 우리를 내팽개치고 달아나는 게 아니라 우리를 안전하게 지켜주기를 기대합니다. 그러나 두 종 사이의 신뢰를 강화하고 키워나가려면, 우리 역시 같은 수준의 호감을 그들에게 건네줄 필요가 있습니다. 그래서 저는 동물에게 질문을 건네기 전에 간단하게 인사하는 걸 좋아합니다. "안녕, 어떻게 지내니?"와 같은 인사지요. 우리가 커뮤니케이션하는 동물이 어떤 동물인가에 따라 이 단계는 조금씩 조정할 수 있습니다.

□ 소리 없이 마음속으로, 또는 당신이 원한다면 소리 내어서 동물에게 이렇게 말합니다. "안녕, 내 이름은 ○○야. 나는 너와 얘기를 나누고 싶어."

□ 당신이 아는 동물이라면 이렇게 말해보세요. "안녕, 나는 너와 얘기를 나누고 싶어. 지금 얘기해도 괜찮겠니?"

당신이 선택한 시간에 당신의 동물이 커뮤니케이션하기를 원하지 않는다고 해도 놀라지는 마세요. 그들도 결정할 수 있답니다. 그리고 결정은 그들이 내려야 하고, 강요나 강제를 하지 않는 것이 중요합니다. 커뮤니케이션은 양쪽 당사자가 모두 적극적으로 참여할 때 가장 효과가 좋으니까요. 때때로 저는 텍사스에게 지금이 커뮤니케이션하기 좋은 시간인지 물어보았다가 '아니'라는 느낌을 받거나 "지금은 아냐"라는 답변을 받기도 하는데, 그러면 텍사스의 결정을 존중하고 다른 때에 다시 시도한답니다.

또 하나 특기할 점은 이 단계가 야생동물에게는 거의 필요하지 않다는 거예요. 야생동물은 인간의 삶의 방식에 맞추기 위해 자신의 타고난 본능을 타협한 적이 없기 때문에, 3단계 다음에 곧바로 우리와의 커뮤니케이션에 뛰어드는 경향이 있답니다.

당신이 그들을 존중하고 있다면 그것으로 충분합니다. 야생동물과의 커뮤니케이션은 짧고 돌발적일 수도 있지만, 항상 그런 것은 아닙니다. 애니멀 커뮤니케이션이 작동하는 방식에 대해 열린 마음을 유지한다면, 더욱 큰 충만감과 영감을 주는 경험을 하게 될 겁니다.

예의 지키기

커뮤니케이션이 끝날 때도 예의를 지켜야 합니다. 그냥 끝내버리는 것은 무례한 일이에요. 그건 사람들이 대화를 나누다가 어느 한쪽이 대화가 끝났다는 어떤 표시도 없이 그냥 가버리는 것과 마찬가지지요. 이를테면 "만나서 좋았어" "내일 또 봐" "들려줘서 고마워" 같은 말로 대화를 마무리해야 합니다.

동물과의 커뮤니케이션이 끝났다는 걸 표시할 때 저는 그들에게 고맙다는 인사를 건넨 다음, 의도적이고 시각적으로 분리하는 단순하고 반복적인 루틴을 실행합니다. 그들에게 감사를 표현하는 것이 바람직한 일이기도 하거니와, 그들이 우리와 계속 커뮤니케이션을 이어가도록 북돋아주기도 하기 때문이에요. 게다가 그렇게 하면 제 에너지는 저에게, 그들의 에너지는 그들에게 남는다는 것을 마음으로 느낄 수 있거든요. 이런 의식은 '한 그릇에 담긴 수프처럼' 우리 모두가 항상 에너지로 연결되어 있다는 믿음과는 상충하지만, 어렵거나 힘들 수 있는 애니멀 커뮤니케이션에서 빠져나오도록 하는 데 도움이 됩니다. 커뮤니케이션의 내용이 상당히 감정적으로 치달았을 때, 그리고 동물이 자신이 겪은 트라우마를 우리에게 표현했을 때 특히 더 도움이 됩니다. 우리가 원하는 것은 사랑과 친절로 그들의 감정을 바라봐주는 것이지, 그들의 고통을 '떠안아' 아픔을 겪는 것은 아니에요. 이 의식은 우리가 그 감정을 놓아 보내게 하는 데 도움을 줍니다. 그렇다고 우리가 그 감정에 개의치 않는다는 뜻은 아닙니다. 우리는 그 감정에 마음을 많이 기울이지만, 거기에 너무 압도되면 더 이상 효과적인 커뮤니케이션을 할 수 없게 됩니다.

분리 의식

- 소리 없이 마음속으로, 또는 원한다면 소리 내어서 동물에게 말합니다. "나와 대화해줘서 고마워."
- 분홍빛이 그 동물을 동그랗게 에워싼 모습을 떠올립니다. 시각화가 잘되지 않는다면 그런 상태가 되도록 하는 의도를 냅니다. 빛은 안전한 장소이며, 분홍은 심장의 색입니다.
- 당신의 심장과 동물의 심장을 연결하던 빛줄기를 다시 당신 안으로 거두어들이는 의도를 냅니다.

- 이제 당신 자신이 분홍빛 안에 들어 있는 모습을 상상하거나 그런 의도를 냅니다.
- 마지막으로, 발바닥으로 접지감을 느끼며 당신이 지구와 연결되어 있다는 것을 떠올립니다.

커뮤니케이션 지침

질문을 만드는 방법

이제 어떤 내용을 가지고 커뮤니케이션을 할 것인지, 그리고 더 중요하게는 질문을 어떻게 만들 것인지 생각해보는 게 좋겠죠. 질문을 만들 때의 몇 가지 지침이 있어요.

□ 한 번에 한 가지 질문에만 초점을 맞추세요.
□ 질문은 간단명료하게 합니다.
□ "하지마" "할 수 없어" "하면 안 돼"와 같은 부정어는 쓰지 않습니다.
□ 단순한 것이 제일이라는 것을 믿으세요.
□ 복잡하고 복합적인 것은 혼란을 초래합니다.

부정적 질문을 긍정적 질문으로 바꾸기

한 줄기의 햇빛으로도 능히 많은 그림자를 몰아낼 수 있나니.

_아시시의 성 프란체스코 St Francis of Assisi, 그리스도교의 성인

당신이 일어나지 않기를 바라는 일이 아니라, 정말로 일어나기 원하는 일에 대한 생각만 보내세요. 당신의 고양이가 차에 치일까 걱정이 된다면, "도로로 나가지 마. 안 그러면 차에 치일 거야"라는 부정의 말을 "부디 안전한 정원에만 있으렴"이라는 긍정의 말로 바꾸세요.

같은 맥락에서, 개에게 말할 때는 "너와 함께 갈 수 없어"를 "여기 남아서 집을 지켜주렴"이나 "여기 남아서 잠 좀 자고 있으렴"으로 바꿔보세요. 개에게 무얼 할지 말해주는 것은 목적의식을 불어넣어 주고 무언가 할 거리를 주는 것이죠. 외출에서 돌아왔을 때는 고마움을 표현하는 걸 잊지 마세요.

말과 이야기할 때는 "마구간에서 뛰쳐나오려고 해서는 안 돼"를 "내가 와서 문을 열어줄 때까지 안에서 기다려 줘"로 바꾸는 게 좋겠죠? 동물에게 당신이 지키지 못할 약속은 절대 하지 마세요. 그리고 그들이 당신의 요청을 존중해주었다면 건강에 좋은 간식이나 빗질, 엉덩이 긁어주

기 등으로 고마움을 표시하세요.

단어를 제대로 선택하는 것은 무척 중요합니다. 당신이 당신의 고양이라고 상상해보세요. 어떤 사람이 화난 목소리로 고함을 치듯이 "그 가구 긁지 마!"라고 당신에게 명령했다면 어떨까요? 당신에게는 "가구를 긁다"라는 말만 들리고, 그래서 그 사람이 당신 쪽을 볼 때까지 기다렸다가 그가 애지중지하는 골동품 안락의자를 당신이 할 수 있는 한 최대한 깊고 길게 긁어놓을 거예요. 그러고 나서 당신은 자신의 노력에 대해 후한 보상을 받을 거라고 기대하겠죠. 그런데 현실은 보상은커녕 고함소리만 듣고 단박에 추운 바깥으로 내쫓기게 되죠. 무슨 이런 황당한 일이…?! 아무리 좋게 봐줘도 어이가 없을 뿐이고, 아마 고양이인 당신은 그 사람이 지구에서 가장 멍청한 존재라고 생각하고 다시는 신뢰하지 않을 가능성이 매우 높겠죠. 이렇게 뒤죽박죽된 메시지는 혼란을 초래하고, 신뢰를 갉아먹으며, 커뮤니케이션을 위한 당신의 노력이 수포로 돌아가는 이유가 된답니다.

수동적 듣기와 능동적 듣기

'능동적 듣기'는 애니멀 커뮤니케이션에서 필수 요소입니다. 그런데 '수동적 듣기'와 '능동적 듣기'의 차이는 무엇일까요?

'수동적 듣기'는 우리가 부분적으로 정신이 딴 데 팔려 있을 때의 듣기입니다. 텔레비전 소리를 들으며 동시에 페이스북을 들여다보는 식이죠. 이럴 때 우리는 양쪽 모두에 온전한 주의를 기울이지 못합니다. 우리가 수동적 듣기를 한다면 동물과의 연결을 놓칠 가능성이 매우 크고, 우리의 상상력은 이런저런 것들을 빚어내기 시작합니다. 이런 식으로는 그 동물의 고유 주파수에 접속된 상태를 유지하지 못해요.

'능동적 듣기'는 우리가 커뮤니케이션하기를 바라는 그 동물에게 완전히 주의를 기울이는 겁니다. 해야 할 일이나 지나간 일, 일어날지도 모를 일에 대해 걱정하느라 온갖 생각으로 정신을 산만하게 하는 대신, 그 동물에게 우리의 모든 초점을 맞춰 현재 순간에 깨어 있는 것이죠. 방석에 앉은 스님만이 현재 순간에 깨어 있을 수 있는 건 아니랍니다.

여기서 저는 '듣기'라는 단어를 느슨한 의미로, '수용적인 상태'임을 강조하여 사용하고 있어요. 아무튼 능동적으로 듣는다면, 우리는 연습을 통해 연결을 유지할 수 있는 능력을 갖게 될 것이고, 동물이 표현하는 아주 미묘하고 섬세한 인상들도 알아차릴 수 있게 될 거예요.

물론 집중이 필요하지만, 연습할수록 능동적 듣기가 점점 더 쉬워진다는 걸 느끼게 될 겁니다. 일상생활에서도 배우자나 친구의 말에 능동적으로 귀를 기울임으로써 연습할 수 있어요. 단순한 한 가지 과제에 집중할 때 인스타그램을 들여다보거나 이메일을 새로고침하고 싶은 마음이 들기 전까지 얼마나 오래 집중을 유지할 수 있는지 알아보세요. 요즘은 정신이 여기저기 스치듯 돌아다니는 것이 아주 흔한 일이 되었고, 단 몇 분도 잘 집중하지 못하는 사람들도 아주 많지요. 당신은 어떤지 솔직하게 알아봅시다.

자신의 감정에 대해 책임지기

우리가 자신의 두려움을 외부 세계에 투사하는 경향이 있다는 것은 저 역시 직접 겪어봐서 잘 압니다. 예전에 저는 개를 무서워했지요. 어렸을 때 길을 걸어가는데 개들이 저를 향해 다가왔습니다. 그 개들이 저를 물지도 모른다는 생각이 들자 두려움이 몰려왔습니다. 말할 필요도 없이 개들은 저의 두려움을 감지했고, 개들이 저를 무는 모습에 대한 제 머릿속 이미지들도 포착했지요. 곧 그 개들은 목덜미의 털을 곤두세우고는 저를 향해 짖어대고 으르렁댔답니다. 제가 두려워했던 바로 그 상황을 스스로 초래한 것이지요. 제가 지금처럼 그 개들에게 긍정적인 생각을 내보내고 느긋한 상태를 유지했다면, 서로 아무런 괴로움 없이 자연스럽게 지나쳐갈 수 있었을 텐데 말이죠.

입은 다물어도 괜찮아

한번은 공격적인 개 때문에 상담을 요청했던 한 여성의 집을 방문한 적이 있었어요. 방문에 앞서 저는 그 개와 커뮤니케이션을 해서, "내가 갔을 때 너는 내가 누군지 알아볼 수 있을 거고, 너는 안전할 거야"라고 이야기했어요. 그리고 빨간 차를 타고 갈 거고, 그 개의 이름을 부르며 가만히 서서 "나야, 피"라고 말할 거라고 했지요. 또 "입은 다물고 있으렴"이라고도 말하고, 그 모습을 아주 선명하게 떠올렸답니다. 단 한순간도 "제발 나를 물지 마"라는 말은 전하지 않았어요.

제가 차를 댔을 때 그 여성이 개와 함께 밖에 나와 있었는데, 개는 매우 스트레스가 심한 상태로 짖고 으르렁대며 목줄에 매인 채 빙빙 돌고 있더군요.

저는 심호흡을 하며 긴장을 풀고 그 개와 연결했습니다. 그리고 차에서 내리면서 이렇게 전했어요. "나야, 피. 내 빨간 차 보이지? 넌 안전해. 사랑해." 저는 그 개가 알아보기를 기다리면서, 계속해서 천천히 호흡하며 긴장을 풀고 사랑의 의도를 계속 유지하고 있었어요. 그리고 "부디 입은 다물어주렴" 하고 전했어요.

그러자 그 개가 맴돌기와 짖기를 그만뒀어요. 저는 문을 지나쳐서 그 개와 여인이 서 있는 곳으로 걸어갔어요. 그러는 내내 이렇게 전했지요. "나야, 피. 넌 안전해. 입은 다물어도 괜찮아."

그 개가 서서히 긴장을 풀기 시작했지요. 그러고는 킁킁 제 냄새를 맡기 시작했어요. 저는 계속 의사를 전했어요. "이제 나를 알아보겠니? 너에게 얘기하고 있던 게 나야." 저는 한순간도 두려움을 품지 않았어요. 그 개가 저를 알아볼 거라고 믿었지요. 우리는 이미 서로 커뮤니케이션을 했었고, 전 그 개가 왜 겁을 내는지 알고 있었거든요.

그 여성이 저를 집 안으로 안내했어요. 개는 계속 저를 살폈고, 저는 계속 그를 안심시켰어요. "넌 안전해. 나야, 피."

5분쯤 지났을 때 저는 그 여성에게 말했어요. "이제 개를 풀어주셔도 돼요."

그러자 그녀는 "이 친구가 당신을 아는 것 같아요"라고 말하더군요.

목줄을 풀어주자 개는 바닥에 드러누웠고 저는 그 개 옆에 앉아 천천히 쓰다듬으며 재차 안심시키고 "넌 안전해. 사랑해"라고 전해주었지요.

10분이 채 지나지 않아서 개는 옆으로 몸을 돌리더니 자신을 내어주었어요. 배를 쓰다듬어달라고 네 발을 다 공중으로 들고서 말이지요.

"믿을 수가 없어요. 이런 적은 단 한 번도 없었거든요" 하고 그 여인이 말했죠.

이어서 우리는 그녀가 제게 연락했던 이유에 관해 상담을 했습니다. 그 개가 사람들에게 보이는 공격성 문제를 해결하려는 것이었지요. 그러는 동안 저는 계속 그 개가 완전히 긴장을 풀고 누워 있는 자리 옆에 앉아 있었답니다. 제가 떠날 즈음 그 개는 진정한 자신의 자아로, 더없이 다정한 개로 돌아가서 제가 차로 돌아가는 동안 행복하게 제 옆에서 나란히 걸어갔지요. 그리고 대문 앞에 서서 제가 눈에 보이지 않을 때까지 저를 지켜보았답니다.

두려움 그리고 사랑에 관한 몇 마디

두려움이란 무엇일까요?

● 두려움은 모든 부정적인 감정의 뿌리입니다.

● 두려움은 사랑의 반대입니다.

● 두려움은 긴장을 초래하고, 긴장은 다시 에너지를 막습니다.

두려움은 조심하는 것과는 다릅니다. 우리는 분명 안녕을 추구하는 일은 원하지만, 우리의 확장을 방해하는 것은 원치 않지요.

사랑이란 무엇일까요?

● 사랑은 우주를 하나로 붙잡아주는 힘입니다.

● 사랑은 사랑을 담아 행동하는 겁니다.

● 사랑은 우리가 애니멀 커뮤니케이션으로 구현하고 표현하길 원하는 진동입니다. 우리가 더 많은 사랑을 구현할수록 우리는 더욱 강력해질 수 있습니다.

친구의 동물과 커뮤니케이션하기

제가 느끼기에 애니멀 커뮤니케이션을 처음 배우는 사람들에게 가장 효과적인 방법은 제일 먼저 친구나 가족의 동물과 커뮤니케이션을 해보는 거예요. 자신이 받은 정보를 친구에게서 확인받으면 당신이 한 커뮤니케이션이 정확한지 아닌지 알 수 있지요. 이렇게 하지 않는다면 자신이 느낀 것이 정확한지, 어떤 것을 잘못 파악했는지 어떻게 알까요? 이런 분별력을 키우는 방법은 확인 질문으로 연습하는 겁니다.

확인 질문
확인 질문은 무엇인가요?

확인 질문은 '무엇' '왜' '어떻게'를 묻는 질문으로, 동물이 쉽게 답할 수 있고 친구가 확인해줄 수 있는 질문입니다. 예를 들어, 친구의 개에게 "제일 좋아하는 음식은 뭐니?"라고 물어볼 수 있겠죠. 당신은 개에게서 받은 반응을 친구에게 알리고 그러면 친구가 "맞아. 고양이 사료를 좋아해"라고 확인해주거나 "아니야. 날 닭날개만 보면 정신 못

차려"라고 알려줄 수 있지요.

확인 질문에서 명심해야 할 것은 친구가 이미 그 답을 알고 있는 질문이어야 한다는 거예요. 그러니 미리 친구에게 적당한 질문 목록을 만들어달라고 부탁하는 것이 좋겠죠. 이 질문들은 당신이 애니멀 커뮤니케이션을 배우는 과정에 초점을 맞춘 것이어야 하지, 친구가 그들의 동물에 관해 갖고 있는 걱정거리들에 답해주는 것에 초점을 맞추어서는 안 돼요. 그건 이제 막 시작하는 당신에게는 너무 지나친 요구일 뿐 아니라, 동물에게도 해로울 수 있고 당신의 자신감에도 심각한 타격을 입힐 수 있으니까요.

확인 질문은 왜 하나요?

확인 질문은 당신이 동물에게서 받은 내용의 정확성과 진실을 확인하는 데 도움이 됩니다. 당신의 커뮤니케이션이 얼마나 발전하고 있는지 판단하는 데도 도움이 되지요. 정확성을 갖추도록 능력을 갈고닦으려면 책임성의 요소가 필요합니다. 제가 이 문장을 쓸 때, 책상 위 키보드와 저 사이에 앉아 있던 텍사스가 모니터로 고개를 돌렸고, 저는 텍사스도 그 말에 동의한다는 것을 느낄 수 있었어요.

'책임성'이라는 단어를 제게 알려준 것도 바로 텍사스였습니다. 책임성이라는 말로써 텍사스와 제가 당신에게 전하고자 하는 것은 자신이 하는 커뮤니케이션에 대한 책임은 당신이 져야 하고, 모든 것이 정확하다고 (또는 틀렸다고) 가정해서는 안 된다는 거예요. 이 책의 뒷부분에 실린 윤리 지침을 보면, 애니멀 커뮤니케이션에서 책임성의 개념을 이해하는 데 도움이 될 겁니다.

확인 과정이 없으면, 이해하기가 어려울 수도 있고, 당신이 지금 동물에게서 정보를 받고 있는 건지 아닌 건지 구별하는 데 어려움을 겪을 수도 있어요. 이는 당신뿐 아니라, 그 때문에 어쩌면 관심을 잃거나 아예 커뮤니케이션을 그만둬버릴지도 모르는 동물에게도 도움이 안 된답니다. 시간이 지나 당신이 더 능숙해지면 확인할 필요성이 줄어들 거예요. 연습을 많이 하면, 당신이 흐름을 타면서 동물에게서 곧바로 정보를 받는 때와 뭔가 어긋난 것 같고 당신의 마음이 지어낸 거 같을 때(아, 마음은 얼마나 끼어들기를 좋아하는지!)의 공명의 차이를 구분할 수 있게 되니까요.

확인 질문 때문에 어쩌면 부담감이 느껴질지도 모르지

만, 그래도 그것은 커뮤니케이션 기술의 감각에 관해 배울
수 있는 가장 좋은 방법이랍니다.

확인 질문은 어떻게 만드나요?

다음의 몇 가지 예를 보면 물어볼 만한 질문이 어떤 유형
인지 이해하기 쉬워질 거예요. 질문은 각각의 종에 맞추어
조정할 수 있습니다. 다음은 제가 동물에게 직접 던지는
질문들이에요. 친구에게 확인 질문을 할 때는 당연히 질문
을 수정할 수 있겠죠.

☐   낮에는 어디서 자는 걸 좋아하니?

☐   제일 좋아하는 활동이 뭐야?

☐   누구와 함께 사니? (종은 뭐야? 성별은?)

☐   나이를 물어봐도 될까?

☐   밤에는 어디서 자는 걸 좋아하니?

☐   네 친구들은 누구니?

☐   제일 좋아하는 산책로는 어디야?

☐   제일 좋아하는 장난감은 뭐니?

☐   네 러그는 무슨 색이니?

- □ 불꽃놀이를 보면 어떤 느낌이 드니?
- □ 네 반려인은 네가 그들의 침실에 들어가는 것을 허락하니?
- □ 너를 산책시키는 사람에 대해서는 어떻게 생각하니?
- □ 다른 고양이들에 대해서는 어떤 느낌이 드니?
- □ 반려인이 너를 안아서 들어올릴 때는 어떤 느낌이 드니?
- □ 헤엄치는 건 좋아하니?
- □ 네 영역을 공유하고 있는 이가 있니?
- □ 네 반려인과는 얼마 동안 함께 살았어?
- □ 자동차에 대해서는 어떤 느낌이 드니?
- □ 아침으로는 무엇을 먹니?

의사를 전달받는 방법

1. 적어두세요. 당신의 동물에게서 반응을 받으면 곧바로 적어두세요. 이건 당신의 뇌에게 뭔가 할 일을 주는 거예요. 뇌를 활동에 참여시키는 거죠. 그러지 않으면 받은 정보를 기억해야만 하는데, 당신이 커뮤니케이션의 흐름 속에 진정으로 몰입해 있을 때는 기억하기가 쉽지 않지요. 그러다 보면 당신은 커뮤니케이션을 분석하기 시작할 수도 있는데, 이는 뇌가 당신

에게 지어낸 정보를 제공할 기회를 주는 것이나 다름
없어요. 그 내용을 적어두면 당신의 뇌가 커뮤니케이
션을 방해할 가능성을 훨씬 줄일 수 있고, 그러면 당
신은 정확한 세부 정보와 단어들을 얻을 수 있지요.

2. **첫인상을 따르세요.** 제가 초보 시절에 들은 최고의
   충고이자 지금 여러분에게도 전하고자 하는 충고는
   첫인상을 따라가라는 겁니다. 순간에 늘 기민하게 깨
   어 있어서 아주 사소하고 미미한 것이라도 표면으로
   떠오르는 모든 인상을 포착하세요. 당신의 마음이 그
   인상에 의문을 제기하거나 거부하거나 폐기하거나
   검열하거나 조종하기 전에 말이죠. 아무리 희미하거
   나 멀리 느껴져도 당신이 제일 먼저 받은 것을 받아
   들이세요.

친구의 동물과의 첫 커뮤니케이션

이제 당신은 커뮤니케이션 연습에 자신의 동물을 기꺼이
제공해주기로 한 친구와 이야기를 마쳤고, 당신의 친구는
단순하고 명료한 확인 질문 목록을 제공해주었다고 합시
다. 친구는 당신이 초보자라는 것을 알고 있고, 자신이 모

든 확인 질문에 대한 답을 알고 있음을 확인했습니다. 친구의 기대치를 반드시 잘 조절해야 하고, 당신을 폄하하거나 기를 꺾을 사람이 아니라 당신의 노력에 힘을 실어줄 만한 친구를 선택하세요.

연습 과정: 친구의 동물과 커뮤니케이션하기

● 준비하기

● 연결하기

● 확인 질문하고 답변 기록하기

● 분리 의식

● 커뮤니케이션을 한 내용을 친구에게 이야기하고 친구에게 피드백 요청하기

힘은 취약함 속에 있어요

취약함은 사랑과 소속감, 기쁨, 용기, 공감, 책임성, 진실성이 태어나는 장소다. 그것은 용기에 대한 가장 정확한 척도다.

_브레네 브라운 Brene Brown, 심리학자

애니멀 커뮤니케이션은 어떤 면에서는 학교 제도와 비슷합니다. 답을 확인하기 위해 우리에게 한 동물에게서 받은

내용을 공유하라고 요구한다는 점에서요. 이런 요구는 자칫 우리에게 자신이 상처받기 쉬운 상태로 노출된다는 느낌을 주기도 하지요. 그러나 핵심은 그것을 피해갈 길이 없다는 겁니다. 동물과 커뮤니케이션하는 방법을 배우기 위해서는 자신이 받은 것을 밝혀야 합니다. 당신은 자신을 노출시키는 일에 익숙해져야만 합니다. 취약함을 나약함과 혼동하지 마세요.

사람들은 대개 처음 몇 번의 시도에서 아주 어려워합니다. 저도 그랬어요. 당신이 항상 옳을 수 없다는 것은 명백한 사실입니다. 직관적인 커뮤니케이션에서 100% 맞는다는 것은 불가능한 일이에요. 솔직한 애니멀 커뮤니케이터들은 다 그렇게 말할 겁니다. 직관적인 사람들만 그런 것도 아니지요. 과학자들도 종종 실수를 하고(NASA의 우주왕복 경험들을 보세요), 의사뿐 아니라 수의사도 때로는 잘못된 진단을 내립니다. 그러니 지금 이 자리에서 그런 사실을 받아들이고 그냥 놓아버리는 것이 낫습니다. 긍정적인 측면을 보자면, 그래도 여전히 직관은 놀라울 정도로 믿을 만합니다.

텔아비브대학 심리학 대학원의 마리우스 어셔 Marius

Usher 교수는 실험 참가자들에게 오직 육감적 직관에만 근거하여 두 가지 중 하나만 선택하도록 했습니다. 그 결과 참가자들의 90%가 맞는 답을 찾았습니다. 그 실험 후 마리우스 교수는 "훌륭한 결정을 내릴 때 육감적 본능을 신뢰할 수 있다"라고 단언했습니다.[21]

처음 애니멀 커뮤니케이션을 할 때 모든 사람이 아주 어려워합니다. 오랫동안 잊고 있던 고대의 언어를 다시 유창하게 구사하려고 배우고 있는 것이니 그럴 수밖에 없지요. 그러나 일단 바이러스 검사를 돌려서 몇 가지 방해물과 부정적인 믿음을 제거하고 나면, 당신은 훨씬 더 신속하고 유연하고 쉽게 커뮤니케이션을 하게 된답니다.

그러니 여러분, 당신의 취약한 지점에 기꺼이 발을 들여놓으세요. 거대한 힘은 바로 그 속에 있기 때문이지요. 당신의 답들을 드러내고 확인받으세요. 위험할지도 모르는 곳에 자신을 세우는 용기를 내고, 그것을 당신의 새로운 기준으로 만드세요. 당신 자신을 믿고 더 많이 열어놓을수록, 당신의 커뮤니케이션은 더 발전할 것이고 그것이 다시 당신의 자신감을 강하게 채워줄 겁니다.

동물이 보낸 건지 내가 지어낸 건지 어떻게 구별하나요?

☐ 확인받을 수 있는 커뮤니케이션 연습 기회를 만드세요.

☐ 정확한 무언가를 받았을 때는 옆에 놓아둔 노트에 자세하게 기록합니다.

☐ 커뮤니케이션이 끝난 뒤, 얼마나 정확한 세부 정보가 당신에게 왔고 그것을 받을 당시 어떤 느낌이었는지 되돌아봅니다.

☐ 커뮤니케이션을 시작하기 전에 준비할 시간이 더 필요하지는 않은지, 커뮤니케이션을 할 적당한 시간을 택한 것인지 자문해봅니다.

☐ 정보의 미묘한 울림을 느끼는 법을 배웁니다. 당신에게 옳다고 느껴지는 건 어떤 느낌인지, 자신이 지어내고 있다고 느껴지는 건 어떤 느낌인지 알기 위해서는 연습이 필요하고 커뮤니케이션을 많이 해봐야 합니다. 하지만 결국에는 알게 될 겁니다.

☐ 틀렸을 때도 너무 안달하지 마세요. 자신을 더 답답해할수록 커뮤니케이션은 더 어려워질 뿐입니다. 중요한 건 목적지가 아니라 여정이라는 걸 잊지 마세요.

세상을 떠난 동물과 커뮤니케이션하기

세상을 떠난 동물과 연결할 때도 그들이 물리적 신체를 갖고 있을 때 했던 것과 정확히 똑같은 방법으로 커뮤니케이션을 할 수 있습니다. 당신이 커뮤니케이션하는 대상은 그 동물의 물리적 자아가 아니라 그 동물의 에너지를 띤 영혼이라는 것을 기억하세요. 당신의 반려동물과 커뮤니케이션하는 경우 초점으로 삼을 사진을 가지고 하거나 마음속으로 그들을 떠올려도 됩니다. 세상을 떠난 친구의 반려동물과 커뮤니케이션을 연습하는 경우라면 사진을 가지고서 해야겠지요.

왜 동물의 영혼과 커뮤니케이션하려는 건가요?

당신이 사랑하는 동물이 세상을 떠난 뒤 그들과 다시 연결되는 것은 마음에 크나큰 위안을 주고 영혼을 어루만져 주는 경험이 될 수 있어요. 그들에게 물어보고 싶은 것들이 있는 경우도 많지요. 동물 역시 자신의 반려인을 위로하고, 그들과 이야기하며, 자신의 죽음에 대해 느꼈을지 모를 죄책감이나 상처를 다독이는 기회를 갖고 싶어 합니다. 죽음이 힘든 이유는 그것으로 끝이라는 믿음 때문인 듯합니다. 그러나 세상을 떠난 동물과 커뮤니케이션을 하면, 그들이 여전히 존재하며 육신을 갖고 있을 때만큼 여전히 당신을 사랑하고 당신에게 헌신적이라는 것을 알게 되지요.

세상을 떠난 동물과 어떻게 커뮤니케이션하나요?

친구가 원할 경우, 친구 동물의 영혼과 커뮤니케이션할 수 있는 것은 멋진 일입니다.

먼저 단순한 확인 질문 몇 가지를 준비해둡니다. 당신과 친구 모두가 당신이 정말로 그 동물의 영혼과 연결되었는지, 그 연결이 강하고 정확한지 확인하기 위해서지요. 이렇게 확인해두면 친구는 동물이 알려준 정보가 자신이 확인할 수 없는 것이라 해도 그것을 믿을 수 있겠지요. 연결이 약하거나 아예 연결이 되지 않았다면, 반드시 멈추고 그만 두어야 합니다. 휴식을 취하고 다른 날 다시 시도하세요.

당신은 초보자이므로 아직 고도로 감정적인 영역에 들어가는 것은 결단코 삼가야 합니다. 그렇지 않으면 큰 어려움에 처할 수 있습니다. 예를 들어, "내가 내 동물을 실망시킨 건가?" 또는 "내가 달리 행동했더라면 내 동물이 아직 살아 있을까?" 같은 질문은 경험이 많은 전문가에게 맡기는 것이 좋습니다. 사람들이 왜 이런 질문을 하는지는 충분히 이해하지만, 이런 질문은 애니멀 커뮤니케이션을 하는 사람에게 아주 큰 압박을 가합니다. 그리고 그 동물이 반려인이 원하는 답을 주지 않았다면 그 반려인의 친구인 당신은 무척 난처한 상황에 처할 수 있지요. 그러니 이렇게 감정을 자극하는 질문들은 그런 질문을 잘 다룰 수 있고 당신의 친구와 관계가 없는 전문가에게 맡기세요.

자신의 커뮤니케이션 방식 알아차리기

일단 동물과 커뮤니케이션을 시작했다면 자신의 커뮤니케이션에 관해 생각하는 시간을 갖는 게 좋습니다. 앞에서 우리는 동물과 정보를 주고받는 다양한 방법을 살펴보았지요. 한 차례의 커뮤니케이션을 마친 뒤에는 당신이 어떤 방식으로 정보를 받고 보냈는지 점검해봅니다.

받기

☐ 그림으로 된 이미지를 받았을 때 대체로 정확했나요?

☐ 아니면 감정들을 받는 것이 가장 강하고 더 믿을 만한 방법
이었나요?

☐ 혹시 당신도 저처럼 다른 무엇보다 단어들이 먼저 오는 것
을 느꼈나요?

☐ 동물이 당신에게 대답할 때 당신의 몸에서 어떤 감각들을
느낄 수 있었나요?

☐ 그들이 제일 좋아하는 음식의 맛이나 그 질감을 느낄 수 있
었나요?

☐ 냄새도 맡을 수 있었나요?

☐ 어떤 육감적 본능으로 그 동물이 표현하는 게 무엇인지 알
았나요?

보내기

☐ 동물에게 그림을 보내는 게 쉬웠나요? 아니면 당신이 뜻하
는 바를 묘사할 때 단어들에만 의지했나요?

☐ 감정적인 질문을 보낼 때 당신도 그 감정을 공유할 수 있었
나요?

자신의 커뮤니케이션 스타일이 어떤지 잘 알면 도움이 됩니다. 무대 뒤에서 어떤 일이 벌어지는지 잘 알면 무대 위에서 일어나는 일을 더 잘 이해하게 되는 것과 마찬가지죠. 당신에게 어떤 방법이 효과가 있는지, 그것이 어떻게 작동하는지 이해하고 여러 달에 걸쳐 계속해서 연습해나가면, 개선이 필요한 부분을 갈고닦는 데 집중할 수 있습니다. 이런 연습과 개선을 할 수 있게 3부에서 도울 거예요.

자신의 반려동물과 커뮤니케이션하기

지금까지 당신은 친구의 동물과 연습을 해보았습니다. 자신의 커뮤니케이션 스타일도 검토해보았어요. 이제는 자신의 반려동물과 커뮤니케이션을 해보고 싶겠지요.

여는 질문

당신의 동물과 첫 커뮤니케이션을 시작할 때는 그들이 기꺼이 대답할 수 있는 긍정적이고 격려가 되는 질문들을 건네는 것이 좋습니다. 이 질문들은 꼭 확인받을 필요는 없지만, 당신의 동물을 커뮤니케이션의 장으로 이끌고 대화가 잘 흘러가도록 하는 유용한 수단이랍니다. 몇 가지 예를 볼까요.

□   오늘 기분 어때?
□   오늘 가장 즐거웠던 일은 뭐니?
□   어디서 시간을 보내고 싶어?
□   가장 큰 기쁨을 안겨주는 것은 뭐니?

신체적 문제나 당신이 이상하거나 용납할 수 없다고 생각하는 행동 등 걱정스러운 영역으로 파고들어가거나, 그들이 불쾌해하거나 표현하기 어려워할 만한 그들의 과거에 관해 이야기하는 것은 피해야 합니다. 그런 이야기는 이런 초기 단계에서 받아들이기 어려울 수 있지요. 당신과 동물 모두 가볍게 시작하고, 둘 모두에게 재미와 보상을 줄 수 있는 질문을 하는 것이 훨씬 좋답니다.

사람은 대부분 자신의 반려동물과 커뮤니케이션하는 것을 훨씬 더 어려워합니다. 하지만 안심하세요. 다음 장 전체를 바로 그 문제를 돕는 데 할애했답니다.

연습 과정: 자신의 반려동물과 커뮤니케이션하기

- 준비하기

- 연결하기

- 여는 질문을 하고 답변 기록하기

- 분리 의식

- 당신이 그들과 커뮤니케이션하는 법을 배우도록 도와준 것에 대해 당신의 동물에게 애정과 놀이 또는 맛있는 간식으로 보상해주세요. 이런 보상은 나중에 또 참여하도록 북돋아주죠. 그리고 보상받는 것은 누구나 좋아하니까요.

춤을 추세요

이제 당신은 동물과 커뮤니케이션을 시작했습니다. 이제 행복의 춤을 출 시간이에요. 그래요. 한번 해보는 거예요. 진동을 높이는 데는 춤만 한 것이 없거든요. 당신의 커뮤니케이션 여정에 기쁨과 인정을 더하면 의심이나 불신의 진동을 "야호, 내가 해내고 있어!"라는 진동으로 바꿔줄 수 있어요. 인생도 훨씬 더 흥미진진해지지요!

- 동물과 커뮤니케이션을 하는 데는 직접 마주 보면서 하거나 사진을 통해 하는 두 가지 기본 방식이 있습니다.
- 가슴을 터놓는 방법은 당신을 동물과의 연결로 안내하는 다섯 단계로 이루어집니다.
- 동물에게도 예의를 지키는 게 좋아요.
- 분리 의식은 커뮤니케이션을 마무리하는 깔끔하고 안전한 기법입니다.
- 능동적 듣기는 초점과 연결을 유지하기 위한 핵심입니다.
- 확인 질문은 당신의 커뮤니케이션 스타일을 파악하게 해주고, 명료성과 정확성을 키우는 데 도움이 됩니다.
- 동물의 영혼과 연결할 때도 육신이 있는 동물과 연결할 때와 똑같은 다섯 단계 방법을 사용합니다.
- 큰 힘은 취약성 속에 있습니다.

효과적으로 커뮤니케이션하기

자신을 아는 것이 모든 지혜의 시작이다.

_아리스토텔레스 Aristotle

이 장이 당신에게 스포트라이트를 비춘다는 사실을 알면 놀랄지도 모르겠군요. 객석 바로 앞 무대 중앙에 선 당신 자신을 거대한 스포트라이트가 따르고 있는 걸 본다면, 당신은 환호성을 지를지도 모르지요. 그러나 혹시 스포트라이트를 받는다는 사실이 당신을 무대 옆으로 달아나게 만든다 해도 걱정하지 마세요. 저는 전적으로 이해하고 있답니다.

이 장은 당신과 당신의 또 다른 자아에게 이로울 겁니다. 우리가 애니멀 커뮤니케이션을 시작하자마자 그들과의 연결을 방해하는 모든 것이 드러나기 시작하면서 그 방해물들이 어떤 것인지 분명히 눈에 보이게 되는데, 이 장에서는 그러한 것들을 처리하는 방법을 제시하기 때문입니다. 결국 우리는 그러한 것들을 해결할 수 있을 거예요.

처음 애니멀 커뮤니케이션을 시작하고 얼마 지나지 않아서, 저는 제가 앞으로 더 나아갈 수 있으려면 해결해야 할 장해물들이 있다는 사실을 알게 되었어요. 제가 동물에게 정보를 보내거나 받는 깨끗한 채널이 되는 것을 방해하는 것들이었지요. 이 장해물들 중 어느 하나라도 부인하고 넘어가려 할 때면, 모건은 제가 다시 그 장해물에 초점을 맞추도록 만들었는데, 때로는 아주 극적인 방식을 쓰기도 했답니다.

제 문제들 중 어느 하나와 관련해, 제가 한동안 모건이 살짝 밀어주는 신호에 반응하지 못하자, 결국 모건은 제 주의를 끌기 위해 저를 세차게 떠밀었답니다. 주된 문제는 제가 제 자신의 감정을 직면하고 싶어 하지 않는다는 것이었어요. 저는 정서적 욕구를 충족하지 못한 채 어린 시절을 보냈고(제가 동물의 무조건적인 사랑에 기대게 된 것도 놀라운 일은 아니죠), 곤혹스러울 정도로 수줍은 성격이었는데, 이런 성격에는 그 자체의 딜레마들이 따라붙었지요. 모건은 제가 이런 옛 자아상을 놓아 보내기를 원했고, 제가 이제는 예전의 저와 달라졌는데도 제 덜미를 붙잡고 앞으로 나아가지 못하게 하는 과거의 자신을 그냥 붙들고 있을 뿐임을 깨닫게 해주고 싶어 했어요. 모건은 제가 제 힘 안으로 들어서고 저 자신의 가치를 인정하도록 격려해주었는데, 그것도 바로 자신의 목숨을 위태롭게 하면서까지 그렇게 했답니다. 감사하게도 저는 제가 갇혀 있었던 그 장해물이 뛰어넘기 어려운 것이었음에도 그 문제를 붙들고 해결했고, 모건도 살아남았습니다. 돌이켜보면 그 변화는 모건이 제게 준 두 번째로 큰 선물이었어요. 첫 번째 선물은 저를 애니멀 커뮤니케이션으로 안내해준 것이었고요.

저는 동물이 애니멀 커뮤니케이션하는 당신의 능력을 저해하는 것들을 해결하도록 도우려고 모건처럼 극단적인 일까지 하는 것은 원하지 않습니다. 그래서 당신이 난관을 극복하고, 장해물을 피해가며, 어딘가 꼼짝없이 갇혔다고 느껴질 때마다 벗어나게 도와줄 유용한 도구들과 기법들을 고안했답니다. 모든 방법이 다 자신에게 맞는 건 아니라고 느껴질 수도 있지만, 그래도 괜찮습니다. 맞는 게 하나라도 있다면 그것을 찾아 연습하면 됩니다. 장해물이 나타날 때 그것을 해결하는 것은 우리 여정의 핵심적인 부분이지요. 당신이 그것들을 해결하기 위해 시간을 투자하여 성찰한다면 반드시 변화하게 될 것입니다. 모든 도전은 당신의 직관을 키우고 깨달음으로 나아가는 과정에 놓인 징검다리들로 볼 수 있습니다.

당신은 당신 자신이 잘 알고 사랑하는 동물과 커뮤니케이션하는 게 분명 더 쉬운 일이라고 생각할지도 모릅니다. 저도 그 생각이 이치에 맞는다는 데는 동의해요. 하지만 그것은 당신이 자신의 커뮤니케이션을 정말로 신뢰하게 된 이후에만 맞는 말입니다. 처음 시작할 때는 동물이 정보를 보낸 거라고 믿기 상당히 어렵습니다. 이미 자신이 그 동물을 이해하고 있다고 느끼기 때문에 그 정보는 자신이 머릿속에서 지어낸 것일지도 모른다는 생각이 드는 것이죠. 앞에서도 이야기했듯이 애니멀 커뮤니케이션을 배우는 가장 좋은 출발점은 친구나 가족의 동물과 커뮤니케이션하고 확인 질문들을 통해 검증받는 겁니다. 이런 방식으로 먼저 접근하면 나중에는 자신의 동물과 커뮤니케이션하여 삶과 사랑, 우주에 관한 그들의 생각과 느낌을 이해할 수 있게 됩니다.

잠재력 발동시키기

당신의 정신적 과정들과 감정적 명료성은 애니멀 커뮤니케이션을 방해할 수도 있고 촉진해줄 수도 있습니다. 자신이 믿기 어려워한다는 것을 알아차렸거나, 자기의심이나 낮은 자존감에 시달린다면, 자신의 잠재력을 발동시킬 수 있는 다음의 방법들을 시도해보는 것도 좋을 거예요.

시작하기 전에 짚고 넘어갈 것은, 이것은 어떤 식으로도 당신이 생각하거나 느끼는 방식에 대한 평가가 아니라는 겁니다. 우리는 모두 삶의 경험과 적응력, 자기통제력, 자기돌봄과 성장을 위한 헌신의 정도에 따라 각자 다른 지점에 위치해 있어요. 이 장에 담긴 정보를 유용한 지침으로 활용하여 당신에게 개인적으로 공명을 일으키는 방법을 사용하세요.

여러분이 편안히 따라올 수 있도록 좋은 커뮤니케이션 실행이란 어떤 것인지 먼저 살펴볼게요.

직관적 정보를 받아들이기 위한 좋은 실행 모델

☐   가능한 한 가벼운 마음을 가지세요.

- 부드럽게 미소 지으세요. 당신의 에너지가 변하고 마음이 더 열릴 거예요.

- 놀이하듯이 하세요. 당신이 더 재미를 느낄수록 커뮤니케이션은 더 수월해지고 동물에게도 더 즐거운 일이 됩니다.

- 지나친 노력은 하지 마세요. 완벽해지거나 정확해지려는 욕구에 끌려가지 마세요. 무언가를 무리하게 원할 때는 그것을 이루기가 더 어려워진다는 거 느껴본 적 있나요?

- 자신에게 적합한 순간을 선택하세요. 당신과 당신의 에너지 수준, 그리고 동물과 커뮤니케이션이 가장 잘되는 시간을 파악합니다. (저는 아침에 하는 것을 선호한다는 걸 알게 되었답니다.)

- 논리는 놓아버리세요. 논리는 직관을 방해합니다. 그러니 당신이 안다고 느끼는 개념들을 넘어서서 기꺼이 보고 듣고 동물과의 관계 안으로 들어가보세요.

- 즉각적인 결과를 바라지 마세요. 속도를 낮추세요. 서두르지 않아도 괜찮습니다. 당신이 너무 필사적이라면 당신이 원하는 것과 정반대의 것을 얻게 됩니다. 배우고 성장하는 것을 즐기세요. 애니멀 커뮤니케이션에서 최종 목적지 같은 것은 없으니까요.

☐ **편집하지 마세요.** 아무리 기이하게 느껴지더라도 모든 것을 그대로 따라가세요. 당신이 받은 무언가를 당신이 생각해낸 의미로 바꾼다면, 정확한 인상을 터무니없는 것으로 바꿔놓을 수 있습니다.

☐ **모두 적어두세요.** 기록은 당신 마음의 논리적·분석적 측면을 붙잡아둠으로써, 그 측면이 당신이 받은 정보를 방해할 가능성을 줄입니다. 이는 곧 당신이 몰입 상태에 머물러 있을 수 있다는 뜻이에요. 상세한 내용을 기억하는 데 초점을 맞추지 않아도 되기 때문이지요.

☐ **자신의 힘을 인정하세요.** 애니멀 커뮤니케이션에 대한 자신의 잠재력을 꺾어버리는 일을 그만두세요. 당신이 계속해서 그들에게 받는 그들의 생각과 감정을 무시하면, 동물은 답답한 마음을 느낄 수 있답니다.

☐ **믿음의 도약을 감행하세요.** 당신의 능력을 갈고닦으려면 어느 시점엔가는 실패를 걱정하거나 다른 사람의 말에 신경 쓰지 말고, 믿음을 갖고 과감히 실행해야 할 때가 옵니다. 그저 마음과 영혼을 기울여 몰두하세요. 당신의 신념들을 유예하고 절대성과 확실성을 기꺼이 포기하세요.

장해물을 제거하는 세 가지 방법

이제 저는 당신이 당신의 동물과 커뮤니케이션을 시작할 때 긴장을 제거하고, 당신의 동물이 대화에 관심을 갖게 하는 세 가지 방법을 알려드리려고 합니다.

1. **동물에게 도움을 구하세요.** 당신의 반려동물에게 이렇게 말해볼 수 있어요. "너와 커뮤니케이션하도록 도와주겠니? 나는 초보자일 뿐이지만 너는 이걸 아주 잘 한다는 거 알아." 또한 인내심을 가져달라고도 부탁할 수 있어요. "내가 나 자신을 믿고 너와 커뮤니케이션할 수 있다고 믿을 수 있게 될 때까지 참을성 있게 나를 지켜봐주렴."

2. **동물에게 충고를 구하세요.** 충고해달라는 부탁을 그 누가 싫어할까요? 동물은 그런 질문을 받는 걸 아주 좋아한답니다. 자신의 반려동물이 자신의 딜레마에 대한 해답을 갖고 있을지도 모른다는 생각을 해보는 사람은 매우 드물지요. 간혹 사람들이 다른 사람들에게 말하는 건 아주 어려워하면서도, 자신의 개나 고양이, 토끼에게는 쉽게 털어놓을 때가 있지요. 왜 그

럴까요? 인간이라는 종이 매사에 판단하려 드는 방식
에 진절머리가 났기 때문일까요? 사람들이 서로를 쉽
게 신뢰할 수 없다고 느끼는 것도 어쩌면 이 때문일
까요? 그들에게 이런 충고를 구할 수 있어요.

☐ 당신의 새 파트너가 마음에 드는지 물어보세요. 그 사람에
대해 어떤 느낌이 드는지, 당신이 그 관계에서 더 큰 기쁨
을 누리려면 어떻게 하면 좋을지 물어볼 수도 있겠죠.

☐ 당신이 열정을 좇아 꿈에 그리던 직업으로 이직할 것을 고
려하고 있다면, 이에 대해 해줄 말이 없는지 물어보세요. 이
직하는 것이 당신에게 가장 좋은 일일까요?

☐ 이사를 할까 생각하고 있다면, 이에 대해 해줄 말이 없는지
물어보세요. 당신이 어떤 곳에 사는 것이 좋은지, 두 곳 중
어느 곳이 더 좋은지 물어볼 수도 있겠죠.

3. 동물에게 의견을 구하세요. 워크숍을 하면서 저는 동
물이 아주 인내심 많은 스승이라는 걸 알게 되었고,
동물이 방 안에 들어오는 순간 사람들 간의 장벽이
녹아내리는 것을 목격해왔답니다. 그저 방 안으로 들

어오는 것만으로도 말이죠. 그들에게는 사람들의 가
슴속으로 단박에 가닿아 경계를 녹여버리는 능력이
있는 것 같아요. 그들이 곁에 있으면 사람들은 부드
러워지고 마음이 열려 미소를 짓지요. 우리가 동물에
게 테라피 작업에 참여해달라고 요청하는 것도 놀라
운 일이 아닙니다. 거기서 개들은 아이들이 읽어주는
글을 들어주고, 말들은 어른들의 문제들을 거울처럼
반영해주고, 고양이들은 가르릉거리며 사람들의 마
음속으로 들어와 외로움을 몰아내주지요. 동물은 사
람에게서 가장 좋은 면을 밖으로 끄집어내주며, 사람
을 더 높은 의식에 이르게 합니다. 또한 그들은 해줄
말을 많이 갖고 있으며, 당신이 시간을 내어 그들에
게 물어보기만 한다면 여러 문제에 관해 자신의 의견
을 들려줍니다. 동물과는 이야기하지 못할 것이 없지
요. 그들에게 이런 의견을 구할 수 있어요.

☐ 가장 좋아하는 산책로는 어디인지
☐ 새 수의사에게서 어떤 느낌을 받았는지
☐ 심지어 지구온난화나 인간의 탐욕에 대해 어떻게 느끼는지

한계라고는 당신의 상상력, 그리고 당신의 동물이 당신의
질의를 따라가 줄지 말지 여부뿐이지요. 그들에게는 따분
한 질문이라고 여겨질 수도 있으니까요. 언제나 그들의 자
유의지를 존중해주세요.

커뮤니케이션이 이루어졌음을 알 수 있는 열 가지 방법

저는 워크숍에서 개들을 객원 교사들로 참여시켜왔답니
다. 우리가 "가장 친한 친구는 누구야?" 하고 질문하면 개
들은 방 안을 가로질러 가서 자기 반려인의 무릎에 발을
올려놓거나 그들의 얼굴을 올려다보는데, 그건 명백히 그
방 안에 있는 모든 사람에게 "바로 이 친구!"라고 전하는
거예요. 어떤 개는 앉아 있던 자기 반려인의 무릎 위로 올
라가기도 했는데, 그전까지는 한 번도 그런 적이 없었다고
해요. 그 사람은 처음에는 의심을 떨치지 못했지만(그는 아
내의 강한 권유에 어쩔 수 없이 따라온 사람이었거든요), 자기 개
가 몸소 보여주자 개의 대답을 받아들이게 되었죠.

다음은 당신이 가장 친한 동물과 커뮤니케이션을 해냈
음을 알려주는 열 가지 신호입니다.

1. 몸속의 느낌으로 알게 됩니다.
2. 감정적으로 반응하게 됩니다.
3. 커뮤니케이션을 시작하기 전에는 경험해보지 못했던 맛이나 냄새를 느끼게 됩니다.
4. 당신의 동물이 당신에게 질문에 대한 답을 보여주려고 애쓸 겁니다.
5. 당신의 동물이 당신을 대하는 게 전과는 달라질 겁니다.
6. 당신의 동물이 더 주의가 깊어질 수 있습니다.
7. 당신 동물의 행동이 달라집니다.
8. 당신의 동물이 더 다정해지고, 더 평화로워지며, 더 침착해집니다.
9. 당신이 그들을 안다는 것을 알기 때문에 그들도 전과 다르게 당신을 봅니다.
10. 당신과 당신의 동물이 더욱더 가까워집니다.

처음 우리에게 왔을 때 모건은 아주 슬픈 상태였습니다. 그래서 텍사스는 모건을 몹시 경계하면서 거리를 유지했지요. 저는 모건과 커뮤니케이션을 시도했고, 모건은 제게 자신이 슬픈 이유를 알려주었어요. 그리고 바로 그 순간부터 모건은 자신의 과거를 놓아 보내고 새 가족에게 온전히 전념할 수 있게 되었답니다. 커뮤니케이션이 효과적으로 이루어졌다는 것이 명백했지요. 텍사스에게서 즉각적으로 변화가 나타났기 때문이죠. 텍사스는 한눈에 봐도 알수 있게, 느긋하게 긴장을 풀고 모건의 존재를 받아들였답니다.

자신만의 방식에서 벗어나는 세 가지 방법

자신을 점검하고 조절할 수 있는 당신의 능력은 종을 초월하여 당신의 모든 관계에서 더욱 큰 사랑과 친절을 품고 살아가게 할 것입니다. 다음의 세 단계는 당신의 성향이나 과거 경험, 성격이 어떠하든 상관없이 자기조절을 시작할 수 있게 안내해줄 거예요.

1. 믿음을 가지세요. 당신의 동물이 당신을 이해할 수있다고 믿고 그 친구와 커뮤니케이션해봅니다. 실험하듯이 해볼 수도 있는데, 당신과 친구 사이에 하는재미있는 게임처럼 해보면 훨씬 더 좋답니다.

자신의 책임감을 몸소 보여주고 다른 사람들에게 자극을 주는 취지에서 이 경험을 다른 사람들과 나눠보세요.

2. **평화로운 마음을 가지세요.** 동물, 특히 자신의 반려동물과 커뮤니케이션을 할 때 생기는 또 하나의 장해물은 바로 우리의 생각입니다. 하트매스 연구소 HeartMath Institute 는 평화로운 마음이 뇌와 심장의 파동 리듬에 균형을 가져다준다고 말하며, 이를 '일관성'이라고 불

렀습니다. 이 일관성은 동물에게 심오한 영향을 미칠
수 있어요.

커뮤니케이션을 하기에 앞서 항상 자신의 생각을
점검하고, 자신의 마음을 평화로운 상태로 만드는 일
을 자신의 책임으로 여기세요. 이렇게 하는 단순한
방법은 '평화로운'이라는 단어에 맞춰 숨을 들이쉬고
'마음'이라는 단어에 맞춰 숨을 내쉬는 거예요. 저는
이것을 눈을 감고 하는 편을 더 좋아한답니다.

3. 부드러운 가슴을 만드세요. 하트매스 연구소가 실시
한 연구를 통해 심장의 자기장은 몸 바깥으로도 발산
되며 다른 사람과 동물에게도 영향을 미칠 수 있음이
밝혀졌습니다.[22] 그 자기장은 종들 사이에서 전송되
는 정보(데이터)를 담고 있고, 그 정보에는 직관으로써
접속할 수 있습니다.

그 연구는 또한 직관의 전기생리학도 탐구하여, 사
람의 감정이 동물에게도 닿을 수 있음을 보여주었지
요.[23] 물론 당신이 평온한 상태에서 당신의 동물에 대
한 사랑을 느낄 때처럼 이로운 감정일 경우도 있지요.
그러나 당신이 스트레스가 심한 날을 보냈다면 애니

멀 커뮤니케이션을 시작하기 전에 뜨거운 물로 목욕을 하거나 조깅을 하거나 다음에 소개하는 운동을 하여 반드시 먼저 스트레스를 풀어야 합니다.

가슴 부드럽게 하기

이 연습은 부교감신경계를 활성화하여 스트레스를 풀고 평화로운 느낌을 가져오며 가슴과 가슴이 더 잘 연결되도록 도와줍니다. 또한 당신의 가슴에도 가벼움과 부드러움을 가져다줍니다.

준비하기

● 시작하기 전에 잠시 시간을 내어 당신의 감정이 어떤 상태인지 관찰합니다.

● 숨을 깊이 들이쉬고 천천히 내쉬어 연습이 시작됨을 표시합니다.

호흡하기

● 한 손을 가슴 위에 얹고, 다른 한 손은 손바닥을 당신 쪽으로 향하게 하여 입 바로 앞에 둡니다.

- 코로 숨을 들이쉬며 가슴으로 내려가는 공기의 흐름을 따라 갑니다.

- 입으로 숨을 내쉬며, 입으로 올라오는 공기의 흐름을 따라 갑니다. 숨이 손바닥에 닿는 느낌을 알아차립니다.

- 호흡을 점점 더 가볍고 점점 더 부드럽게 만들어, 숨을 내쉴 때 손바닥에서 거의 아무 느낌도 감지할 수 없게 될 때까지 호흡을 반복합니다.

- 당신의 호흡을 점점 더 부드럽게 만들려는 의도를 품고 3~4분 정도 계속합니다.

관찰하기

- 손의 긴장을 풀고 눈을 뜹니다. 이제 당신의 기분이 어떤지 관찰합니다.

- 이 기법을 시작하기 전과 비교해 어떤가요?

- 지금 당신의 가슴은 어떤 느낌인가요?

호흡과 가슴에 대한 알아차림을 의도적으로 연결해서 호흡을 부드럽게 하면 가슴도 부드러워진다는 사실을 발견하게 될 거예요.

제한적 믿음을 포착하여 놓아 보내기

내게는 특별한 재능이 없다. 열정적인 호기심이 있을 뿐이다.
_알베르트 아인슈타인

우리는 무엇이 가능하고 무엇이 불가능한지 단정하는 제한적 믿음들을 조심해야 합니다. 우리가 아는 것은 늘 바뀌고 있습니다. BBC가 제작한 자연 다큐멘터리《블루 플래닛Blue Planet》에서 밝혔듯이, "현재 많은 과학자는 지구에서 생명이 출현하기 시작한 것이 약 40억 년 전 수중 화산hydrovolcanic이 분출한 즈음이라고 믿고 있습니다. 우리는 이러한 분출들이, 1제곱미터당 50만 개체의 동물이 존재하는 열대우림 하나만큼 많은 생명을 품고 있었음을 알고 있습니다."[24]《블루 플래닛》은 또한 지금 우리가 목성과 토성의 달들에 깊은 바다들이 있고, 지구의 화산활동 중 많은 부분이 아주 깊은 곳에서 이루어지고 있음을 알고 있다고 전했습니다.

항상 새로운 발견들이 이루어지고 있으니 열린 마음과 호기심을 유지하는 것이 닫히고 고착되어 있는 것보다 우리에게 더 이롭겠지요. 새로운 가능성들을 고려하지 못하면 우리는 아주 많은 것을 놓치게 된답니다. 그러니까, 고양이가 피아노 뒤에서 당신에게 의사를 전달할 수 있을까요? 할 수 있다고 확신해도 됩니다. 당신이 그 고양이의 말을 들을 수 있을까요? 당신의 의식이 그런 가능성을 받아들이기를 거부하는 한, 그것은 결코 당신이 경험할 수 없는 영역에 남아 있을 거예요. 들을 수 있다고 믿는다면 들을 수 있는 가능성은 훨씬 커집니다.

자기조절

체로키Cherokee족에게는 다음과 같은 전설이 전해옵니다.[25]

두 마리 늑대

한 체로키족 노인이 손자에게 삶에 관해 가르치고 있었습니다.

체로키족 노인이 손자에게 말했어요. "내 안에서 싸움이 벌어지고 있다. 그것은 두 마리의 늑대가 벌이는 끔찍한 싸움이란다. 한 놈은 사악한 녀석이야. 그 늑대는 분노, 시기, 증오, 슬픔, 후회, 탐욕, 오만, 자기연민, 죄책감, 분함, 열등감, 거짓말, 허영심, 우월감, 그리고 에고란다. 다른 늑대는 좋은 녀석이란다. 이 늑대는 기쁨, 평화, 사랑, 평온, 겸손, 배려, 친절, 자애, 공감, 관대함, 진실, 연민, 그리고 믿음이지. 바로 이 늑대들의 싸움과 똑같은 싸움이 네 안에서도 벌어지고 있단다. 그리고 다른 모든 사람의 내면에서도."

손자가 잠시 생각해보다가 이렇게 물었어요. "어느 늑대가 이길까요?"

체로키족 노인은 간단히 대답했어요. "네가 먹이를 주는 녀석이지."

우리의 성격에는 밝은 면과 어두운 면이 어느 정도 다 존재합니다. 제 검은 개 친구 보디는 제게 저의 그림자 측면을 무시하기보다는 이해하고 해결하려 노력하라고 가르쳐주었습니다. 보디는 제가 어디로 가든 저의 그림자는 저를 따라다니므로, 그 존재를 부인하느니 친구로 삼는 게 더 낫다는 사실을 상기시켜주었어요. 또 저의 그림자가 제 진전을 위태롭게 하거나 가로막을 때를 잘 알아차리라고 말해주었죠. 그러고 나서 저는 제 자아의 어두운 면을 더 잘 알아차릴수록 사랑과 연민을 더 잘 구현할 수 있다는 사실을 깨달았어요. 저는 자기관찰과 자기성찰과 자기조절을 할 수 있는 한 최대한 자주하고 있답니다. 자신을 관찰하고 성찰하고 조절하는 것은 다음 네 가지 영역으로 나눌 수 있습니다.

1. 신체 영역: 신체적 유연성, 심폐지구력, 근력, 순발력,
   신체 회복력 등
2. 감정 영역: 감정적 유연성, 긍정적 시각, 협력적 관계
   를 형성하는 능력 등
3. 정신 영역: 정신적 유연성, 집중력, 다양한 관점을 통
   합하는 능력 등
4. 영적 영역: 핵심적 가치들에 대한 헌신, 직관, 다른 이
   들의 가치관과 신념에 대한 관용 등

당신이 당신의 동물과 커뮤니케이션할 때 어떤 측면 때문
에 어렵게 느껴진다면, 이 네 가지 영역을 살펴보고 어느
측면을 더 진전시켜야 하는지, 어느 측면에 시간과 에너지
를 더 투입해야 하는지 솔직하게 판단해보세요. 꼼짝 못
하고 갇혀 있는 느낌이나 유연성이 떨어지는 느낌이 드는
영역이 있다면 알아차릴 수 있을 거예요. 예를 들어, 당신
이 다른 사람들의 관점을 성급하게 무시하고 넘어간다는
것을 알아차린다면, 당신의 정신적 유연성에 도움이 필요

하다는 뜻일 수도 있겠죠. 매사를 긍정적인 시각으로 보기가 어렵다면, 감정의 코어를 더 강화해주거나 당신 삶에서 당신을 지지해주는 긍정적인 관계들을 더 많이 만들 필요가 있을 거예요.

각각의 영역을 진전시키기 위한 수업과 강의가 이미 많이 존재합니다. 어느 것이 당신의 흥미를 자극하는지, 어느 것이 당신에게 기쁨을 안겨줄지, 어느 것이 당신에게 진정으로 도움을 줄지 판단하는 것은 당신에게 달려 있어요. 한 번에 한 영역씩, 몇 주 혹은 몇 달의 기간을 두고 향상시키는 것에 집중해보세요. 전혀 서두를 필요가 없답니다. 그리고 그런 노력이 당신을 얼마나 더 균형 잡히게 하고 애니멀 커뮤니케이션 기술을 향상시키는지에도 주의를 기울여보세요.

저는 일의 특성상 하루 중 많은 시간을 앉아서 지내기 때문에 신체 영역에서 곧잘 문제가 생기는 편입니다. 그런데 제 삶에 그레이스라는 사랑스러운 개가 들어오고 나서 매일 그레이스와 산책을 하고 있는데, 이것은 제게 아주 큰 도움을 주고 있어요.

신뢰하기

당신 자신을 신뢰하라. 그러면 어떻게 살아야 할지 알게 될 것이다.
_요한 볼프강 폰 괴테 Johann Wolfgang von Goethe, 작가이자 정치가

이 장에서는 신뢰에 초점을 맞추고자 합니다. 당신이 자신의 일상적 삶에 얼마나 자신감을 갖고 있는가 또는 그렇지 않은가가 애니멀 커뮤니케이션을 하는 데에 아주 큰 영향을 미치기 때문입니다.

워크숍을 할 때 저는 성장과 안전지대, 에너지에 관해 언급하는데, 여러분과도 이 개념들을 나누고 싶어요. 자신을 신뢰할 때는 대범한 삶을 살기 위해 필요한 위험을 감행하기가 훨씬 더 쉬워집니다. 신뢰는 변화뿐 아니라 동물과의 의미 있는 커뮤니케이션으로 나아가는 문이기도 합니다. 다음 지표들은 당신이 신뢰의 척도에서 어디에 위치해 있는지 알려줄 거예요.

1. **당신의 성장을 위해서 위험을 감수하세요.** 무함마드 알리 Muhammad Ali는 "위험을 감수할 용기가 없는 사람은 인생에서 아무것도 성취하지 못할 것"이라고 말했

습니다. 신뢰가 있다면 새로운 일을 실행하거나 어렵거나 도전적으로 여겨지는 일들도 할 수 있어요. 약간의 두려움은 느낄 수 있지만 용기로 가득 차 있는 것이죠. 위험을 감수하는 것은 자신의 개인적 성장을 촉진해줍니다. 당신이 항상 하고 싶었던 어떤 일이 있다면 그 일을 해볼 것을 권합니다. 야생 돌고래들과 함께 바다에서 수영하는 것이든, 혼자서 장거리 여행을 하는 것이든, 범고래들이 있는 곳에서 카약을 타는 일이든, 당신이 하고 싶으나 어려울 거라고 생각하는 일을 찾아서, 용기 내어 시도해보세요.

2. 안전지대의 경계선을 뛰어넘으세요. 우리는 모두 안전지대가 무엇인지 알고 있지요. 하지만 그 밖으로 성큼 나갈 수 있을 만큼 용감한 사람은 우리 중 얼마나 될까요? 그 경계선을 넘어가면 어떤 일이 벌어질 거라고 생각하나요? 현재에 안주한다면 우리는 늘 똑같고 오래된, 따분하고 재미없고 반복적이고 하품 나는 인생을 살게 됩니다. 애니멀 커뮤니케이션에서 안전지대는 스스로 자신을 제한하는 제약입니다. 그것은 당신의 커뮤니케이션과 동물이 당신에게 공유할

수 있는 심오하고 감동적인 세부 정보들을 억제시키
지요. 당신이 해야 할 일은 그 경계선을 넘어서는 것
뿐입니다.

3. **신뢰는 삶에 활력을 줍니다.** 당신이 신뢰를 갖고 살
아간다면 더 많은 에너지를 만들어낼 수 있습니다.
왜 그럴까요? 과거에 일어난 일을 후회하거나 미래
에 일어날 수도 있는 일을 걱정하느라 시간을 낭비하
는 대신, 무엇이든 지금 일어나는 일은 일어날 이유
가 있어서 일어나는 것이며, 모든 일이 잘 풀릴 거라
는 믿음을 갖고 있기 때문이지요. 당신은 우주적 생
명 에너지와 조화를 이루게 되고, 이러한 조화의 감
정을 세상을 향해 발산할 수 있게 됩니다. 조화를 이
뤄 살아가다 보면 삶의 신비를 이해하려는 노력에 뛰
어들 수 있습니다. 바로 이런 상태가 우리를 존재하
게 하지요.

만트라 '나는 믿는다'

만트라는 자주 반복하는 선언입니다. 다음에 제시한 '나
는 믿는다'라는 만트라는 한계를 설정하는 정신적 패턴화

를 재프로그래밍하는 데 도움을 줍니다. 이 만트라를 녹음 해두었다가 누워서 눈을 감고 들으세요. 그 말들에 자신을 온전히 내맡기는 것도 좋습니다. 그리고 각 문장을 반복해 보세요. 낮에는 한 문장을 큰 소리로 반복하는 게 더 좋을 수도 있겠지요. 노래로 불러도 되고 산 위에 올라 외쳐도 됩니다. 접착식 메모지에 적어서 노트북 컴퓨터나 자동차 계기판, 냉장고 문이나 욕실 거울에 붙여놓아도 되지요. 어떻게 하는 것이 당신에게 효과가 있는지 직접 알아보세 요. 창의성을 발휘해봅시다.

나는 믿는다

나는 믿는다.

나는 나 자신을 믿는다.

동물에 대한 나의 사랑을 믿는다.

내가 긴장을 풀고 차분해질 수 있음을 믿는다.

내게 이 능력이 있음을 믿는다.

내가 강하다는 걸 믿는다.

내 마음이 열려 있다고 믿는다.

걱정들이 날아갔다고 믿는다.

내게 에너지가 있다고 믿는다.

내가 긍정적인 생각들을 갖고 있음을 믿는다.

나는 삶을 믿는다.

내게 필요한 모든 것이 내 안에 있다고 믿는다.

내게 필요한 모든 것을 내가 이미 갖고 있음을 믿는다.

내 여정을 믿는다.

장해물을 성장의 기회로 바꿀 수 있는 내 능력을 믿는다.

사랑 가득한 관계를 믿는다.

지지의 제안을 믿는다.

내가 치유적 관계를 끌어들일 수 있음을 믿는다.

내 인생의 목적과 그것이 이루어질 것을 믿는다.

신성한 타이밍을 믿고 모든 성취에 대한 욕망을 바로 지금 놓아

버린다.

내게 더 이상 도움이 되지 않는 것은 새로운 무언가를 위해 자리

를 비워주리란 걸 믿는다.

나는 내 사랑을 믿는다.

나는 내 연민을 믿는다.

나는 나 자신을 믿는다.

나는 믿는다.

에너지 끌어올리기

당신의 삶에 나타나는 것에 감사하면 당신의 개인적 진동이 바뀝니다. 감사는 당신의 인생을 더 높은 주파수로 높여줍니다.
_오프라 윈프리Oprah Winfrey, 방송인

이제 여러분은 자신에 대해 어떻게 느끼는가가 당신의 애니멀 커뮤니케이션 능력에 영향을 미칠 수 있음을 알고 있습니다. 그러니 동물에게 귀 기울이는 것만이 아니라 당신 자신에게 귀 기울이는 것도 중요합니다. 애니멀 커뮤니케이션을 진행하는 동안 당신은 내면의 장벽들에 직면하게 될 거예요. 하지만 이 연습들, 접근법들, 명상들을 모든 장해물을 해체하는 도구로 당신의 도구 상자에 갖춰두었으니, 믿음을 품고 당신 잠재력의 힘을 키워보세요.

당신 자신이 당신의 스승입니다.

당신은 당신 자신을 다른 누구보다 더 잘 알고 있습니다. 당신의 동물을 제외하고는 말이죠. 그들은 당신보다 당신을 더 잘 알고 있답니다!

당신의 에너지를 끌어올리는 두 가지 연습법을 소개합니다.

내가 감사하는 것

이 연습은 감사하는 마음을 키워주고 기쁨과 감탄에 다시 초점을 맞추도록 도와줍니다. 감사하는 마음은 행복감의 화학물질을 만들어주어 스트레스를 줄여주고 건강을 향상시키며 삶을 훨씬 더 긍정적으로 바라보게 해주지요.

간단합니다. 당신이 감사를 느끼는 것 10~20가지를 써보세요. 당신이 참고할 수 있도록 제 목록을 소개합니다.

- 반려동물
- 나의 동료
- 헤어드라이어
- 분홍 장미
- 청록색 바다
- 야생 돌고래
- 맛있는 커피
- 따뜻한 집
- 좋은 친구
- 해외여행

자기자애 키우기

자기자애 Self-compassion는 정말 유익합니다. 우리가 우리 자신을 사랑할 수 없다면, 사람이든 동물이든 누군가 우리를 좌절시키는 행동을 할 때 어떻게 그들에게 사랑의 마음을 낼 수 있을까요?

- 종이에 '나'라는 글자를 씁니다. '나'는 당신을 나타냅니다. 당신의 모든 재능, 성취, 당신이 할 수 있는 모든 것, 당신의 신체적·정신적·감정적 특징들까지.
- 그런 다음 당신 자신에 관한 긍정적 측면들을 적기 시작합니다. 계속 덧붙이세요. 예를 들어, '여행하는 걸 즐긴다' '인내심을 가지려 노력한다' '동물의 똥을 치운다' '내 파트너를 위해 요리한다' 등.
- 이 선언을 다시 읽어보면 당신이 사실은 꽤 잘 살아가고 있다는 것을, 당신이 생각하는 것만큼 해결해야 할 문제가 많지 않다는 것을 깨닫게 될 겁니다. 당신의 긍정적인 면들에 초점을 맞추세요. 당신을 좀 쉽게 해주세요. 당신에게 친절하세요. 당신에게 사랑의 마음을 내어주세요. 당신이 그러지 않는다면 누가 그렇게 할까요?

당신의 몸이 하는 말을 들어주세요

지금까지 저는 우리의 감정과 생각이 커뮤니케이션을 제대로 하는 데에 지대한 영향을 미친다는 이야기를 많이 해왔어요. 이 장을 마무리하면서 신체적 기법 한 가지를 더 알려드리려고 합니다. 이 연습은 가슴 부위를 열어주어 당신의 심장이 연꽃처럼 벌어지게 하고, 척추를 교정하여 호흡과 순환을 향상시켜줍니다.

불가사리 자세로 서기

서 있는 불가사리 자세는 전신을 늘려주고 열어주며 에너지를 불어넣어 줍니다. 배와 척추에서, 팔과 손가락 끝에서 자신감이 발산할 겁니다. 5분밖에 걸리지 않는 이 연습이 당신의 기분을 얼마나 바꿔놓을 수 있는지 궁금하지 않은가요? 동물과 커뮤니케이션하기 전에 해도 정말 좋답니다.

- 두 발을 모으고, 두 팔은 옆구리에 붙이며, 손가락은 바닥을 향하게 한 채 서서 시작합니다. 두 발을 넓게 벌립니다. 배꼽을 조이고, 척추는 하늘을 향해 길게 늘입니다. 호흡을 하

고 몸이 흔들리지 않도록 합니다.

- 숨을 들이쉬고, 팔은 'T'자 모양으로 들어올리며, 손바닥은 바닥을 향하게 합니다. 두 발이 손목 아래에 있는지 확인하세요. 지구에 뿌리를 내릴 것처럼 체중을 발에 싣습니다.
- 척추를 계속 하늘을 향해 늘리면서, 꼬리뼈가 지구 쪽으로 끌어당겨지도록 양쪽 궁둥뼈에 힘을 줍니다.
- 두 팔과 손가락 끝을 옆으로 더 늘리며, 어깨는 뒤쪽과 아래쪽으로 이완하여 부드럽게 가슴을 엽니다.
- 당신의 몸이 불가사리처럼 다섯 방향으로 쭉 늘어나는 것을 느껴보세요.
- 불가사리 자세를 유지한 채 길고 느리게 3~6번 호흡합니다.
- 발을 다시 모으고 자세를 풉니다.

당신은 해냈습니다!

우리가 꿈을 추구할 용기만 있다면 우리의 모든 꿈은 이뤄질 수 있다.

_월트 디즈니 Walt Disney, 기업가

이제 당신의 마음은 새로운 경험들에 의해 넓게 확장되어, 예전의 차원으로 다시 돌아갈 수 없게 되었습니다. 한 번

얻은 앎을 없었던 일로 되돌릴 수는 없는 법이니까요. 돌아가는 건 불가능합니다. 이미 당신의 인식은 확장되었고 의식은 높아졌습니다.

> **요약**
>
> - 좋은 실행 모델은 동물과의 효과적인 커뮤니케이션에 유익합니다.
> - 자신에게서 압박감을 덜어 내면의 장해물을 제거하고 동물에게 충고를 구하세요.
> - 커뮤니케이션이 이루어졌을 때는 인정해주고 자신에게 하이파이브를 해주세요.
> - 당신의 '선한 늑대'에게 귀를 기울이고 그 늑대에게 먹이를 주세요.
> - 믿음은 변화와 동물과의 의미 있는 커뮤니케이션으로 가는 문입니다.

3부

애니멀 커뮤니케이션 한 단계 더 발전시키기

한없이 유연하고 항상 경이로워하라.

_제이슨 크래비츠Jason Kravits, 배우

문제 해결하기

성공은 언제나 더 큰 노력을 요구한다.

_원스턴 처칠 Winston Churchill, 전 영국 총리

앞 장을 다 보고도 여전히 이 부분을 읽고 있다면, 당신은 이 일에 큰 열정을 가진 사람이 분명합니다. 여기까지 왔다는 것은 당신이 동물과의 커뮤니케이션을 정말로 원하고 포기하지 않을 것이며, 동물의 삶에 변화를 만들어내는 일이 당신에게 중요하다는 뜻이니까요. 저로서는 정말 기쁜 일입니다. 우리 함께해요. 당신도 이제는 동물의 메신저입니다.

이 장에서는 도저히 넘어설 수 없는 거대한 바위처럼 느껴질지도 모를 문제들과 도전적 과제들을 자세히 알아보려고 합니다. 몇 가지만 고치면 그 거대한 바위를 성장과 성공으로 가는 징검다리로 바꿔놓을 수 있답니다. 사람들

이 경험하는 가장 흔한 어려움들을 이야기하고, 그 난관을
해결하기 위해 여러분이 사용할 수 있는 몇 가지 기법을
알려드릴게요.

애니멀 커뮤니케이션에서 가장 중요한 것

우리는 연습·인내·끈기 이 세 가지를 살펴보고, 왜 당신
이 이것들을 당신의 가장 친한 친구로 만들어야 하는지
알아볼 거예요. 연습 방법도 알아볼 거고요. 지금 편안하
게 앉아 있나요? 그러면 시작합시다.

제가 초보자였을 때 제 선생님께서, 애니멀 커뮤니케이
션에서 당신이나 저나 타고난 능력에는 아무런 차이도 없
다고 말씀하셨던 것이 기억나네요. 애니멀 커뮤니케이션
에 능숙한 사람들과 나머지 다른 사람들을 구분하는 것은
연습한 세월, 깊은 인내심 그리고 연어와도 같은 끈기라고
도 하셨죠. 한마디로 요약하자면, 바로 '결의'입니다. 쉽게
포기하기에는 애니멀 커뮤니케이션은 우리에게 정말 큰
의미가 있는 일이지요.

1. 연습

텔레파시 근육을 키우는 핵심은 연습, 연습, 또 연습입니다. 어떤 근육을 키울 때나 무엇을 배울 때나 마찬가지예요. 이탈리아어 수업을 한 번 듣고 이탈리아어를 유창하게 말하기를 기대할 수는 없는 법이죠. 애니멀 커뮤니케이션도 몇 번의 시도 후에 자동적으로 성공할 거라고 기대할 수 없어요. 때때로 최초의 시도에서 완벽하지 못했다고 몹시 낙담하거나 짜증내거나 좌절하는 사람들을 봅니다. 저를 가장 자주 당황시키는 종이 바로 사람이에요. 왜 사람들은 자기 자신에 대해 그렇게 터무니없이 큰 기대를 품는 걸까요?

저는 여러분이 애니멀 커뮤니케이션을 처음으로 시도했을 때 단 하나의 세부 정보만 정확히 잡아냈어도 감사해야 하고 파티를 열어야 한다고 생각해요. 그것은 축하할 일이자 당신이 바른 방향으로 가고 있다는 신호니까요. 기본적인 개 훈련을 할 때도 우리는 우리가 잘못된 행동이라고 여기는 것(그것이 해롭거나 위험한 행동만 아니라면)을 개가 하면 무시해버리고, 우리가 옳다고 여기는 어떤 행동을 하면 개를 칭찬해주라고 배웁니다. 이렇게 해야 개들이 더 빨리 배울 수 있다고요. 저는 여러분 자신에게도 그러한 접근법을 써보라고 제안하고 싶어요. 당신 자신에게 칭찬을 해줘도 좋고, 원한다면 간식이나 선물을 주어도 괜찮아요!

처음 시작할 때는 일주일에 한 번 동물과 커뮤니케이션을 할 것을 제안합니다. 현대인 대부분이 매우 바쁜 삶을 살고 있기 때문에 그 정도만 하는 것으로도 적당하다고 생각하기 때문이에요. 한 주에 한 번 하는 연습이 생각만 해도 부담스럽다면 2주에 한 번이나, 그것도 여유가 되지 않는다면 한 달에 한 번하는 것도 괜찮습니다. 중요한 것은 하겠다는 결심을 유지하고 정기적으로 꾸준히 커뮤니케이션을 하는 거예요.

2. 인내

새로운 무언가를 배울 때 우리는 누구나 인내심이 부족해질 수 있습니다. 운전을 처음 배울 때 기억나나요? 당신이 원하는 것은 매주 '전진, 후진, 핸들링, 정차, 가속'을 단계별로 거치는 것이 아니라, 단지 해변으로 차를 몰고 가는 것이었죠. 하지만 지금은 운전하는 게 타고난 능력처럼 느꺼지지 않나요? 애니멀 커뮤니케이션의 다양한 기본 요소를 마스터하는 데도 인내가 필요합니다. 물론 때때로 답답하게 느껴질 수도 있겠지만, 인내의 결과는 경이로울 겁니다.

3. 끈기

끈기란 어려움이나 저항을 무릅쓰고 행동의 단계들을 계속 밟아나가는 겁니다. 그것은 결의와 단호함, 목적의식, 확고부동함을 유지하는 것이죠. 초라하게 시작해 성공을 거둔 사람 아무에게나 어떻게 성공했는지 물어보세요. 그러면 그들은 단지 포기하지 않았을 뿐이라고 말해줄 겁니다. 거듭 실패해도, 사람들이 그들의 아이디어를 무시해도, 그들은 계속 나아갔습니다. 자신이 하는 일에 열정을 느꼈고, 그 일이 성공하리라는 믿음이 있었기 때문이지요. 당신의 도구 상자에 이 끈기를 들여놓는다면 당신의 성공도 보장됩니다.

애니멀 커뮤니케이션이 잘 안 될 때
할 수 있는 점검법

태도는 작은 것이지만 큰 차이를 만들어낸다.
_윈스턴 처칠

애니멀 커뮤니케이션에서 맞닥뜨리는 여러 어려움 중 많은 것을 해결해주는 점검법이 있습니다. 그것은 다음과 같이 요약할 수 있습니다. 뭔가 잘 안 되어가는 느낌이 들 때마다 돌이켜보고 점검해볼 수 있죠.

1. 태도를 조정하세요

동물을 향한 당신의 태도는 그들이 전하는 내용에 대해 당신이 얼마나 수용적일지, 그들이 당신과 얼마나 기꺼이 소통하려 하는지에 영향을 미치게 됩니다. 동물은 사람보다 덜 똑똑하고 덜 진화되었으며 세계 질서에서 더 낮은 위치를 차지한다는 오만한 태도는 가슴으로 이어지는 연결을 방해합니다. 사람이 아닌 동물과의 커뮤니케이션에서는, 아니 사람과의 커뮤니케이션에서도 상대방을 존중하고 잠재적 스승으로 대할 때 더 성공적으로 소통할 수 있지요. 이런 태도는 그들이 자신의 지성과 지혜와 지식을 감추지 않고 당신에게 개방적이고 솔직하게 표현할 수 있게 해줄 겁니다. 또한 시간이 지나면서 둘의 관계도 더 높이 고양되고 더 넓게 확장됩니다.

2. 생물학을 경계하세요

어떤 동물의 생물학적 특징들은 흥미진진하지만, 시야에 한계를 그어놓을 수도 있습니다. 당신이 어떤 동물에 대한 과학적 증거와 한 종으로서 그들이 어떤 존재인가에 관한 통념에 근거하여 고정관념을 갖는다면, 그들을 온전한 하나의 존재로서 그리고 하나의 육체를 입은 개별적 영혼으로서 명확하게 볼 가능성을 제한할 수 있어요.

2016년에 호주에서 제 워크숍에 참가한 학생들은 아주 멋진 배움의 경험을 했습니다. 말 한 마리와 다양한 품종과 연령의 개들, 그리고 닭들과 앵무새 한 마리, 고양이 한 마리와 뱀 한 마리가 축복처럼 우리와 함께했지요. 그 중 가장 깊은 인상을 남기고 사람들의 주의를 끈 것은 우리의 객원교사인 트레버였어요. 그는 기니피그의 몸에 담긴, 카리스마 넘치고 자기 의견이 분명한 존재였지요.

3. 자애를 키우세요

'자애'는 친절과 배려, 기꺼이 다른 이들을 돕겠다는 의지를 보이는 겁니다. 당신이 자애를 갖고 있다는 것은 다른 존재의 처지에서 그들이라면 어떨지 절절하게 느끼고 있다는 겁니다. 이런 자애의 특성을 키우는 간단한 방법은 온화함을 구현하려는 노력에 다시 초점을 맞추는 겁니다. 당신의 감정과 생각과 의도를 온화하게 만드세요.

애니멀 커뮤니케이션에서 흔히 겪는 어려움

> 어려움들은 우리가 어떤 존재인지 가르쳐준다.
> _에픽테토스Epictetus, 철학자

뭔가 가로막힌 느낌이 들 때, 저는 그 상황에 겁을 먹어 포기하거나 커뮤니케이션을 완전히 그만둬버릴 만큼 용기를 잃게 방치하는 것이 아니라, 그 상황을 제 성장과 발전을 위한 또 하나의 유용한 배움의 단계로 여기는 쪽을 선택합니다. 제가 보기에 길에 놓인 장해물은 훨씬 더 찬란

한 광경으로 안내할지도 모를 새로운 길을 찾으라는 또
하나의 자극이니까요. 여러분도 장해물을 자신의 여정에
서 있는 표지판으로 볼 수 있기를 바랍니다. 그렇다면, 가
장 흔한 장해물은 무엇이고 어떻게 그것들을 넘어갈 수
있을까요?

1. 신체적 접지 상태에서 벗어남

애니멀 커뮤니케이션은 그것을 경험해보지 못한 사람들
이 말하는 공상적이고 실체 없는 것이 아니라, 현실적으로
땅을 딛고 서서 행하는 견고한 형식의 작업입니다. 동물은
접지되어 있으며, 우리에게도 그러하기를 요구합니다.

해결책: 당신의 몸 안에 구체적으로 존재하세요. 효과적인
커뮤니케이션을 하려면 당신은 반드시 당신의 몸 안에 있
어야 합니다. 자신의 몸을 잘 보살펴야 애니멀 커뮤니케이
션도 잘 할 수 있습니다. 규칙적인 운동과 영양가 있는 음
식, 충분한 물, 자연에서 보내는 시간, 느긋함과 휴식으로
몸에 힘을 실어주세요.

2. 실패나 잘못될 것에 대한 두려움

이것이 가장 흔한 장해물입니다. 누구나 정확하기를 원하죠. 두려움은 사람을 얼어붙게 만들고, 그러면 동물에게서 무언가를 받는 일 자체가 불가능해질 수 있습니다.

해결책: 중립성을 표현하세요. 실패나 잘못될 것에 대한 두려움을 치료하는 방법은 중립적인 마음을 갖는 겁니다. 중립성은 애니멀 커뮤니케이션의 아주 많은 요소에서 도움이 되지만, 특히 우리가 차분함을 잃었거나 완전해지려고 자신을 너무 압박할 때 큰 도움이 된답니다. 동물과 가슴으로 연결되었을 때는 어떠한 두려움도 없습니다. 어떤 결핍도, 필요도, 욕망도 없기 때문이지요.

3. 지나친 노력

당신은 동물을 위해 변화를 만들어주기 원하고, 그 일을 성실하게 해내기를 원합니다. 그건 좋은 일입니다. 그러나 너무 무리하게 밀어붙인다면 당신의 욕망이 방해가 되기 시작합니다. 진정한 애니멀 커뮤니케이션은 편안하고 유연하게 이루어집니다.

해결책: 호흡하세요. 너무 거세게 밀어붙이거나 과도하게

노력하는 것을 멈추는 아주 효과적인 방법은 호흡하는 겁니다. 의식적이고 집중된 호흡을 통해 우리는 자신을 현재 순간으로 데려올 수 있고, 마음속에서 벌어지는 '멍키 채터monkey chatter'*를 멈추고 몸과 마음의 긴장을 풀 수 있지요. 이렇게 호흡하면 가슴이 열리고 당신의 의식을 사랑과 존재에게로 되돌려놓을 수 있답니다. 고래와 돌고래는 의식적인 호흡의 대가입니다. 호흡에 그들의 생존이 걸려 있으니까요. 고래와 돌고래를 닮으려고 노력해보세요. 그러면 머지않아 압박에서 벗어나 평정을 찾을 수 있을 거예요.

4. 집착

커뮤니케이션의 결과에 집착하면 혼란과 과도한 불안에 빠지게 됩니다. 그러한 집착은 동물이 보내는 진정한 정보가 당신에게 도달하는 것을 막을 가능성이 매우 높아요. 그럴 때 당신은 가슴이 아니라 에고로 커뮤니케이션을 하고 있는 셈입니다.

해결책: 가슴으로 들으세요. 아주 어려서부터 우리는 육감이나 직관보다는 지성으로 삶을 헤쳐나가라는 교육을 받

• 근접한 두 주파수의 신호가 수신되어서 생기는 높은 음색의 방해음을 뜻하는 전기용어다.

아왔습니다. 애니멀 커뮤니케이션을 할 때는 이를 뒤집어 오히려 당신의 감정에 초점을 맞추어야 합니다. 정신적 능력으로써 인정과 보상을 받는 직업에 종사하는 사람들은 그들에게 익숙한 머리 중심의 안전지대에서 벗어나 감정과 직관과 그냥 아는 것, 위대한 미지가 자리한 가슴의 영역으로 내려가는 것을 어려워하는 경우가 많지요. 하지만 그러한 가슴의 영역이야말로 동물과 나누는 텔레파시 능력을 다시 깨우기 위해 반드시 필요한 요소입니다. 저는 여러분에게 가슴으로 들을 것을 권합니다.

5. 피로, 분노, 공황, 스트레스

피로, 분노, 공황, 스트레스는 명확하고 효과적인 커뮤니케이션에 방해가 됩니다. 거기에 힘을 더해주기보다는 뒤로 물러나 휴식의 시간을 갖고 당신 자신을 재설정하는 것이 좋습니다.

해결책: 동물에게서 배우세요. 애니멀 커뮤니케이션에서 가장 아름답고 보람 있는 일은 우리가 동물에게서 가르침을 받는 것을 허용할 때 일어납니다. 동물은 우리에게 즐겁게 노는 법과 사랑하는 법을 가르쳐줄 수 있어요. 친절

하고 용서하는 존재가 되는 법도 가르쳐줍니다. 또 조용하고 고요해지는 법도 가르쳐줄 수 있는데, 이것이야말로 커뮤니케이션을 위한 완벽한 가르침이지요. 동물은 피곤하면 잠을 잡니다. 화가 났을 때는 배우려고 애를 쓰지요. 공포에 질렸을 때 그들은 명료하게 듣지 못합니다. 스트레스를 받았을 때는 자극에 과민하게 반응하기도 합니다. 그들이 커뮤니케이션을 가장 잘하는 때는 마음이 열려 있고 평온할 때입니다. 이 역시 우리가 그들에게서 배울 수 있는 또 하나의 교훈이네요.

새로운 도전

온화한 방식으로 한다면 세상을 뒤흔들 수도 있다.
_마하트마 간디 Mahatma Gandhi

새로운 유형의 도전에 직면하는 것은 언제나 새로운 기술을 개발할 수 있는 기회이기도 합니다. 저는 어떤 도전이든 그것을 받아들이고 맞붙어 해결하려 노력해보라고 말씀드리고 싶어요. 당신이 갖고 있는 장해물과 필터와 오해

가 무엇인지 알아차리면 그것들을 극복하는 단계에 들어
갈 수 있습니다.

- □ 도전의 이름을 큰 소리로 말해봅니다. 그러면 당신이 그 도
  전으로부터 느끼고 있던 스트레스가 어느 정도 줄어들 거
  예요.
- □ 그것을 사라지게 하려고 노력하기보다는 맞붙어 해결하세
  요. 그냥 사라지는 일은 없답니다.
- □ 그 도전을 골칫거리가 아니라 당신의 스승으로 받아들이
  세요.
- □ 여기서 당신이 배워야 할 게 무엇인지 곰곰이 생각해보세요.
- □ 도전과 싸우지 마세요. 연민을 갖고 친구처럼 대하세요.
- □ 기술을 발전시키는 데 초점을 맞추고 있는지, 도전을 부인
  하는 데 초점을 맞추고 있는지 자문해보세요.
- □ 책임을 떠안으세요. 게으름으로는 아무것도 이룰 수 없습
  니다.
- □ 보상을 거두려면 노력을 해야 한다는 것을 잊지 마세요.

긴장 풀기

우리는 풀리지 않는 감정들로 인한 긴장감을 몸속에 담아 두고 있습니다. 그런 긴장을 푸는 단순한 방법 하나는 '고양이 스트레칭'이라는 신체 동작이지요. 이 동작은 어깨와 목, 척추 근육의 긴장을 푸는 데 도움이 된답니다. 이것은 우리를 다시 차분한 알아차림의 상태로 되돌려주므로, 커뮤니케이션을 시작하기 전에 하면 아주 좋은 운동입니다.

고양이 스트레칭

- 러그나 요가 매트를 바닥에 깔고 시작합니다. 양손과 양무릎을 바닥에 댑니다. 손목을 어깨 바로 아래로 놓고, 무릎은 엉덩이 바로 아래로 두어 '탁자' 자세를 취합니다. 등을 평평하고 중립적인 상태로 만듭니다. 머리부터 꼬리뼈까지 일직선을 만들고 시선은 아래로 둡니다.
- 앞쪽으로 손가락들을 활짝 펼치고 손끝으로는 바닥을 찌르듯 누릅니다.
- 당신의 호흡과 연결합니다. 코로 숨을 깊이 들이쉬고 멈췄

다가 살짝 벌린 입술 사이로 천천히 내쉽니다. 다시 숨을 들이쉽니다.

● 숨을 내쉬며 등을 둥글게 말고, 배꼽은 척추 쪽으로 끌어당깁니다. 꼬리뼈를 아래쪽으로 당기고, 턱은 가슴 쪽으로 붙이며, 척추는 C자 모양으로 또는 화난 고양이 같은 자세로 둥글게 합니다.

● 숨을 들이쉬며 반대 동작을 합니다. 천천히 배꼽에 힘을 빼고 등을 중립적이고 평평한 자세로 되돌립니다. 계속 숨을 들이쉬며 가슴을 들고 위를 봅니다. 팔을 힘 있게 유지하고 견갑골은 뒤쪽 아래로 가게 합니다.

● 위의 두 단계 동작을 몇 차례 반복합니다. 저는 여덟 번을 합니다.

또 하나의 방법으로 대롱대롱 매달리듯 상체 숙이기를 할 수도 있답니다.

대롱대롱 앞으로 숙이기

● 발을 엉덩이 넓이로 벌리고 서서, 두 손은 긴장을 풀고 허벅

지 옆에 둡니다.

- 숨을 내쉬며 천천히 상체를 아래로 굽히고, 두 손으로는 다리를 따라 미끄러지며 동작을 조절합니다. 무릎을 약간 부드럽게 하고, 배꼽은 등쪽으로 살짝 당깁니다.
- 편안하게 할 수 있는 만큼 내려가고, 몇 번 호흡을 하면서 항복하듯 몸을 내맡기며, 두 팔을 흔들어 몸에서 긴장이 빠져나가게 합니다.
- 숨을 들이쉬며 천천히 다시 등을 말아 올려 몸을 세웁니다.

우리 가슴에 둘러친 장벽

당신이 사랑에 맞서 쌓아온 당신 안의 장벽들을 모두 찾아내라.
_루미 Rumi, 시인

앞에서도 말했듯이 우리가 동물에게서 의사를 잘 전달받지 못할 때는 우리의 가슴이 닫혀 있거나 가슴에 벽을 치고 있거나 차단되었기 때문일 가능성이 있어요. 어쩌면 다른 사람 때문에, 또는 동물의 죽음이나 풀지 못한 죄책감이나 슬픔 때문에 감정적 상처를 입었을 수도 있지요. 무슨 이유에서건 장벽은 우리를 보호하기 위해 우리 가슴에 둘러친 것인데, 이런 장벽은 애니멀 커뮤니케이션을 심각하게 제한할 수 있습니다.

사랑을 가로막는 이런 장벽들을 허무는 일은 당신 자신을 사랑하는 데서 시작됩니다. 그렇게 부드럽게 장벽을 녹이기 시작하면 언젠가는 완전히 사라지게 할 수 있답니다.

사랑을 가로막는 장벽 허물기

1단계: 몸

몸에서 시작합니다. 당신이 자신의 몸에 관해 느끼는 바를 인정하고, 감정을 바꾸려 노력하지 마세요. 이것은 몸의 형태를 기반으로 몸을 부끄럽게 여기는 것이 아니라 몸을 존중하는 겁니다.

- 2주에 한 번 '의식적인' 목욕을 하며, 당신의 몸속에 존재하는 것이 어떤 느낌인지 집중하는 시간을 가지세요.
- 마사지로 당신의 몸을 보살펴주세요.
- 운동으로 당신의 몸을 돌봅니다.
- 정기적인 전신 훑기로 몸에 대한 알아차림을 키웁니다.

2단계: 마음

당신이 자신에게 어떻게 말하고 있는지 생각해본 적 있나요? 긍정적이고 친절하고 따뜻하게 말하나요? 아니면 부정적이고 불친절하고 차갑게 말하나요?

- 당신이 자신에게 부정적인 말을 하고 나서 몸에서 어떤 반응이 일어나는지 관찰합니다. 그리고 자신에게 긍정적인 말을 하고 나서 몸에서 어떤 반응이 일어나는지 관찰한 다음, 그 둘의 차이를 지켜봅니다.
- 당신이 하는 말들이 다른 누가 하는 말처럼 들리지 않는지 주의를 기울여보세요. 혹시 당신의 아버지나 어머니, 선생님이나 배우자의 말처럼 들리나요?
- 당신이 자신을 불친절하게 대할 때를 알아차리세요.

3단계: 가슴

당신이 오직 자신의 가슴과 함께하기 위해 시간을 냈던 마지막이 언제였나요?

- 당신이 호흡하는 이 순간 당신의 가슴이 열리거나 닫히는

게 느껴지는지 관찰해보세요.

- 당신의 가슴은 가볍고 확장된 느낌인가요, 무겁고 제한된 느낌인가요?

- 당신이 느낀 것을 당신의 진실로 믿으세요.

- 당신이 그것을 막거나 불신한다는 걸 발견한다면, 이를 당신이 자신을 신뢰하고 사랑하는 것을 막는 장해물을 비춰주는 스포트라이트로 받아들이세요.

내면 아이 돌보기

당신의 내면 아이를 돌보면 강력하고 놀랍고 신속한 결과를 얻는다. 해보라. 그 아이가 치유될 것이다.
_마사 벡 Martha Beck, 사회학자

당신의 내면 아이를 인정하고 그 아이와 상호작용하는 것은 깊이 묻힌 문제들의 핵심에 도달하는 아주 강력한 방법입니다. 이 방법에는 여러 가지가 있는데, 지금 소개할 방법은 제가 제일 좋아하는 방법이자, 제 혼란을 여러 번 해결해준 방법입니다.

내면 아이 글쓰기

시작하기 전에 방해받지 않고 편안하며 취약한 상태가 되어도 안전하다고 느낄 수 있는 장소를 찾습니다. 노트와 펜을 준비하고, 담요로 몸을 감싸는 것도 좋습니다.

- 당신이 글을 쓸 때 주로 사용하는 손으로 질문을 적습니다. "사랑하는 (당신의 이름)에게"라고 시작한 뒤, 당신 자신과 관련하여 당신이 힘들어하고 있는 어떤 문제든 계속 질문합니다. 예를 들면, "사랑하는 ○○야, 나는 왜 현재에 깨어 있는 상태가 잘되지 못하는 걸까?" "사랑하는 ○○야, 나는 왜 내 애니멀 커뮤니케이션을 잘하지 못하는 걸까?"
- 당신이 글을 쓸 때 주로 사용하지 않는 손으로 답을 적습니다. 제일 먼저 떠오르는 생각을 씁니다. 글씨를 휘갈겨 써도 괜찮아요. 지금은 당신의 내면 아이가 말하는 것이고 그들은 글씨가 어떻게 보이든 개의치 않는답니다.
- 주로 쓰는 손으로 질문하고, 주로 쓰지 않는 손으로 답하는 것을, 그 문제의 진실에 대한 통찰이나 깨달음을 얻을 때까지 계속합니다.

- 당신의 내면 아이에게 감사를 전합니다. 앞으로는 늘 그 아이에게 귀 기울이고 더 잘 보살펴주겠다고 약속합니다.

용서하기

정말로 사랑하기 원한다면 반드시 용서하는 법을 배워야 합니다.

_테레사 수녀 Mother Teresa

타인을 용서하세요

다음 연습은 세계적인 용서 연구자 로버트 엔라이트 Robert Enright와 인간개발 연구그룹 Human Development Study Group 이 창안한 '과정에 기반을 둔 용서 모델 process-based model of forgiveness'을 차용하여 수정한 겁니다.[26] 이 방법은 당신이 용서해야 할 사람이 누구이며 어떻게 용서해야 하는지 이해하도록 도와줄 거예요. 개입 시험을 통해 이 모델이 이로운 효과를 낸다는 것이 밝혀졌지요.[27] 누군가를 용서하고 당신의 어깨에서 그 무거운 짐을 덜어주는 것이 당신에게도 이로울 거라고 생각된다면, 한번 시도해보는 것도 괜찮겠죠?

타인 용서하기

- 당신에게 깊이 상처를 주었다고 느껴지는, 그래서 용서가 필요하다고 느껴지는 사람들의 명단을 만듭니다.

- 가장 작은 상처를 준 사람부터 가장 큰 상처를 준 사람의 순서로 나열합니다.

- 가장 작은 상처를 준 사람부터 시작하세요. 그들이 어떻게 당신에게 상처를 입히게 되었고, 그 상처가 당신의 삶에 어떤 영향을 미쳤는지 떠올려보세요. 어떤 부정적인 감정이든 떠오르도록 허용합니다.

- 그 고통을 상처 입힌 사람이나 사랑하는 가족이나 친구에게 던져버리기보다는 자신을 다독입니다.

- 준비가 되었다고 느껴질 때 그 사람을 용서하겠다는 결정을 내립니다.

- 그들에 관하여 자신에게 질문을 던져보세요. 어린아이였을 때 그들의 삶은 어떠했고, 성장하면서는 어떠했나요? 그들은 어떤 상처들을 견뎌야 했나요? 그들이 당신에게 상처를 주었던 시기에 그들의 삶에는 더 많은 스트레스가 있었던 건 아닐까요? 이런 질문들은 그들의 행동에 변명을 해주려

는 것이 아니며, 당신이 그들을 더 잘 이해하도록 도우려는 겁니다.

● 당신에게 상처를 준 사람에게 아주 작게라도 연민이 느껴진 다면 알아차리세요. 어쩌면 그들은 자신의 행동을 후회하거나 그때 당시 혼란에 빠졌었거나 뭔가 잘못 판단했던 것임을 이미 인정했을지도 모릅니다. 그들을 향한 당신의 감정은 더 부드러워졌나요?

● 그 사람에게 뭔가를 선물함으로써 그 용서를 상징화합니다. 선물은 그들에 관한 친절한 말 한마디일 수도 있고, 미소, 전화 통화 혹은 당신의 일기에 적어놓는 글이 될 수도 있습니다. 이때 가장 우선시할 것은 당신의 안전입니다.

● 당신의 경험에서 의미를 찾음으로써 용서의 과정을 마무리합니다. 어쩌면 이제 당신은 타인들, 특히 당신과 비슷한 일을 겪은 사람들의 고통에 더 민감해졌을지 모르고, 그런 마음의 움직임으로 그들을 돕고자 하는 마음이 일어났을지도 모릅니다.

● 이제 가장 큰 상처를 입힌 사람까지 명단에서 차례로 한 명씩 계속 용서의 과정을 밟아갑니다.

> 용서는 그 사람의 잘못된 행동을 변명해주는 것도, 당신에게 일
> 어났던 일을 잊는 것도 아닙니다. 또한 당신이 내키지 않는데, 대
> 충 합의해서 화해하는 것도 아닙니다. 모든 사람이 당신의 미래
> 에 함께할 것은 아니지요. 어떤 사람은 그저 귀한 교훈을 남기고
> 당신의 인생을 거쳐갈 뿐입니다.

자신을 용서하세요

삶의 지나간 장을 계속해서 다시 읽고 있다면 다음 장으로 넘어갈
수 없다.
_작자 미상

저는 사람들이 애니멀 커뮤니케이션을 잘하지 못하는 이
유는 대부분 그들이 자신의 동물과 관련한 무언가에 대해
죄책감을 느끼기 때문이라고 생각합니다. 대개는 그 동물
이 죽은 방식이나, 자신이 올바른 무언가를 하지 않은 것
때문이지요. 여기서 '올바른'은 상당히 주관적인 기준에
따른 겁니다. 반려인은 자신이 동물을 실망시켰다는 믿음
에 사로잡혀 벗어나지 못하는 경우가 종종 있어요.

그간의 경험으로 저는 동물은 원한을 품지 않는다는 것
을 알게 되었답니다. 동물은 우리가 할 수 있는 한 그들에

게 최선을 다했다고 생각합니다. 그리고 혹시 이런 관점이 완전한 진실이 아닐지라도 동물은 우리보다 삶과 죽음을 더 잘 이해하는 것처럼 보입니다. 시작하거나 끝나는 지점이 없는, 하나의 순환하는 원처럼 삶과 죽음을 보는 것이죠.

자기를 용서하는 것이 왜 그렇게 중요할까요? 우리가 자기를 용서하기 위한 시간을 따로 떼어놓지 않는다면, 우리는 계속 죄책감을 붙들고 있을 것이고, 그러면 더 나은 사람이 되기는 더욱 어려워집니다. 그 대신 두려움이나 걱정의 상태로 삶을 살아가기로 선택하는 셈이죠.

용서는 결코 쉽지 않습니다. 특히 용서하려고 하는 대상이 자신일 때는 더 그렇죠. 그러나 당신이 그 길을 나서지 않는다면, 다음과 같은 문제를 초래합니다.

☐ 과거에 갇혀 앞으로 나아갈 수 없습니다.

☐ 자신의 목적을 달성하는 걸 막게 됩니다.

☐ 긍정적이고 충만한 삶을 살아갈 수 없습니다.

☐ 자신의 실수에서 배우고 개선하는 걸 막게 됩니다.

당신을 도와줄 간단한 연습이 있어요.

자기 용서하기

- 자신을 용서해야 하는 이유가 무엇인지 확인합니다.

- 완벽한 사람은 없습니다. 무언가에 실패했다고 해서 당신이 끔찍한 사람이 된다는 생각은 하지 마세요.

- 다시 시작하세요. 자신을 용서하는 법을 배우는 것은 과거를 받아들이고 과거의 경험으로부터 배우는 것을 의미합니다. 과거에 매몰되지 말고, 현재로 초점을 옮기세요. 과거는 과거로 넘기세요.

- 새로운 마음가짐을 가지세요. 과거에 한 실수에서 배우고 마음챙김을 배우세요. 자신에게 더 친절하세요. 앎과 성장은 삶의 경험에서 오는 것이니까요.

당신이 자신의 이야기를 들려주면서도 울지 않을 수 있게 되면, 당신은 치유된 겁니다.

자기돌봄

자신을 돌보세요

> 자기보호는 자연의 제1법칙이다.
> _영국 속담

자신을 돌보는 것은 당신이 할 수 있는 가장 중요한 일 중 하나입니다. 그런데 의식하지 않고 살다 보면, 쉽게 잊어 버리기 쉬운 것 중 하나이기도 하죠. 다른 이들을 돕고 챙기고 돌보면서 시간을 보낼 때는 자신에게 소홀하고 무심해지기 쉽지요. 그러면 곧 피로가 쌓이고 지치게 됩니다. 에너지가 바닥난 채로 계속 달리는 것이죠. 우리에겐 재충전이 반드시 필요합니다.

자신을 먼저 도우면 이어서 사람이든 동물이든 다른 모든 이를 더 효과적으로 도울 수 있습니다. 좋은 점은 자기 돌봄을 실천하는 데는 그다지 비용이 들지 않는다는 거예요. 공짜로 할 수도 있죠. 여러분이 스스로 자기돌봄 계획을 적어보세요.

자기돌봄 목록 만들기

저의 자기돌봄 목록에는 이런 것들이 있답니다.

- 자연 속 걷기

- 혼자만의 조용한 시간 갖기

- 바깥에 앉아 새들의 노래 듣기

- 마냥 즐거운 시간 보내기. 저는 재미있는 영화를 보거나 그 냥 실없이 즐겁게 보내요. 내면 아이도 재밌게 놀아야 하니 까요.

- 건강하게 먹기. 제 몸은 녹색 채소를 좋아한답니다.

- 신뢰하는 친구와 가슴 터놓고 이야기하기

- 운동하기. 일하지 않는 시간에는 필라테스, 요가, 배드민턴 을 해요.

- 꿈꾸는 시간 갖기. 몽상은 기발한 아이디어를 이끌어내기도 하지요.

- 음악 듣기

- 욕조에 마그네슘 입욕제를 넣고 뜨거운 목욕하기

- 명상하기

- 아름다운 꽃을 사서 감탄하며 바라보기
- 얼굴을 가꾸거나 마사지, 온천욕하기
- 일의 과정, 자기반성, 영감을 주는 아이디어를 기록하기 위한 새 노트 사기
- 잠. 잠. 잠. 더 많이 자기!
- 샴페인 마시기. 너무 도덕적으로 살려고 하면 균형이 무너져요.

그런데 이거 아세요? 당신이 개선될 때마다 당신 주변의 존재들도 개선된답니다.

걱정을 바꾸세요

걱정하는 사람이 아니라 전사가 되라.
_작자 미상

애니멀 커뮤니케이션이 잘 안 돼 힘들어하는 학생들은 대개 믿음보다 두려움을 더 많이 느낍니다. 걱정은 사고방식의 하나이자 행동 패턴의 하나죠. 그것은 또한 대응 기제가 될 수도 있어요.

월터 캐벗Walter Cavert 박사가 이끌고 미국 국립과학재

단America's National Science Foundation이 자금을 댄 한 연구는 사람들이 감정적 에너지의 92%를 일어날 리 없거나 자신이 바꿀 수 없는 일들에 대한 걱정에 소비한다는 사실을 알아냈습니다.[28] 너무 많은 에너지를 낭비하고 있는 거지요.

좋은 소식은 걱정도 바꿀 수 있다는 것인데, 그러려면 약간의 노력이 필요합니다. 걱정을 변화시키기 위한 방법은 다음과 같아요.

- **걱정하는 습관을 끊으세요.** 이것은 미래나 과거의 일, 있을 수도 없을 수도 있는 일을 걱정하는 것이 아니라, 현재 순간에 머물러 있을 방법을 찾음으로써 가능합니다.
- **삶에 대해 믿음을 가지세요.** 당신이 모든 걸 통제할 수 없다는 걸 받아들이세요. 대신 삶의 흐름을 믿고 모든 것이 최선의 방향으로 잘 풀려갈 거라고 믿으세요.
- **과거를 놓아 보내세요.** 두려움과 원한과 후회를 붙잡고 있으면 그런 감정들의 주파수가 당신의 몸속에서 진동합니다. 그러면 당신의 에너지도 소진되고 당신 삶에 있는 동물도 피곤해집니다. 이제 모두의 행복을 위해 놓아버리세요.

걱정 목록에서 지워야 할 열 가지

당신이 품고 있는 몇 가지 걱정을 놓아 보내는 것이 당신에게도 이로울 것 같은 생각이 든다면, 다음을 시도해보세요.

- 당신이 걱정하고 있는 열 가지를 적어봅니다. 예를 들어, "나는 내 고양이와 끝내 커뮤니케이션하지 못할까 봐 걱정이 된다."
- 두 손을 가슴 위에 얹고 자신에게 말합니다. "나는 두려움을 내어놓고 모든 게 잘될 거라 믿는다."
- 각각의 걱정 위에 선을 그어 하나씩 지워버립니다.
- 걱정 목록에 불을 붙여(안전에 유의하세요) 당신의 모든 두려움이 재로 변하는 것을 지켜봅니다. 또는 종이를 잘게 찢어도 됩니다. 상징의 힘은 아주 강하답니다.
- "하쿠나 마타타!"를 외치며 변화를 확인합니다. 이 말은 대략 '걱정 없다'로 번역되는 스와힐리어이며, 〈라이언 킹 The Lion King〉에 나오는 노래 제목이기도 하지요. 게다가 그 말을 외쳐보면 아주 즐거워진답니다!
- 기진맥진하게 만드는 걱정의 에너지를 모두 놓아 보낸 뒤,

신뢰의 에너지로 진동하는 몸이 어떤 느낌인지 주의를 기울여보세요.

도움이 더 필요하다고 느낀다면 자신에게 잘 맞는 방법을 찾을 때까지 감정자유기법 Emotional Freedom Technique; EFT이나 다른 치유 방법들을 더 알아보세요.

폭포수로 씻어내세요

물은 깨끗하게 해주는 위대한 힘을 지니고 있고, 막혀 있던 것을 흘려보내고 더 이상 당신에게 도움이 되지 않는 감정들을 놓아주는 파이프 역할을 합니다.

 🎧 QR 코드 **폭포수 명상**

조용한 장소를 찾습니다. 긴장을 풀고, 나의 몸을 바닥에 접지하며, 고요함을 들이마십니다.

이제 자연 속 굽이굽이 언덕들과 호수와 산으로 둘러싸인 자신을 발견합니다.

산새들의 소리를 듣습니다.

동물이 각자 제 할 일을 하고 있음을 알아차립니다.

피부에 닿는 따뜻한 햇볕을 느낍니다.

구름 한 점 없는 파란 하늘도 느낍니다.

거대한 산이 가까이 있고 나는 걸어서 그 산기슭으로 갑니다.

그 산의 정상으로 이어지는 구불구불한 길을 발견합니다.

그 굽잇길로 올라가기 시작합니다.

더 높이 올라가자, 나의 어깨를 누르는 무게와 등에 짊어지고 있는 짐의 무거움을 알아차리기 시작합니다. 피로함과 억울함, 분노와 고통을 느낍니다. 한 걸음 내디딜 때마다 이 등산이 더 힘들어지고 속도도 더 느려집니다.

내가 짊어지고 있는 모든 짐을 인식하면서, 계속해서 한 걸음 한 걸음 올라갑니다. 그 짐들은 내가 자청한 것일지도 모르지만, 어쨌든 그것은 지금 내가 지고 있는 짐입니다.

나는 덥고 땀이 나며, 나에게 매달려 있던 감정과 장해물들의 무게에 지쳤습니다. 쉬고 싶습니다. 이 짐들에게서 벗어나고 싶습니다.

그러다 내 앞에 작은 틈새가 보이고, 너무나도 아름다운 푸른 하늘색의 폭포가 시야에 들어옵니다.

쏟아지는 폭포의 잔물방울들이 햇빛을 받아 반짝거립니다. 새들은 기쁨의 노래를 부르며 공중에서 춤을 춥니다. 가까이 오라고 부르는 따뜻한 환영의 기운이 느껴집니다. 여기는 경이와 빛으로 가득한 마법의 장소 같습니다.

나는 망설임 없이 옷을 벗고 폭포로 걸어갑니다. 폭포에 가까이 다가간 것만으로도 이미 더 가벼워진 느낌이 듭니다.

이제는 폭포 밑으로 들어가 내 위로 떨어지는 시원한 물을 느낍니다.

무지개를 만들며 빛나는 그 물이 나를 깨끗이 씻어주기 시작합니다. 수천 개의 작은 별이 빗물처럼 내 위로 떨어집니다. 짐들의 무거움이 씻겨 나가는 것을 느낍니다. 어둠의 덩어리였던 짐들이 사랑의 파동 속에서 녹아 해체되는 것을 지켜봅니다.

한 순간 한 순간 지날 때마다 나는 더 가벼워지고 더 큰 환희를 느낍니다. 나의 모든 슬픔, 나의 모든 두려움, 나의 모든 죄책감이 부드럽게 씻겨 나갑니다.

그 짐들의 무게 없이 산다는 게 어떤 것인지 느껴지기 시작합니다.

나 자신과 다른 존재들에 대한 사랑도 느껴지기 시작합니다.

폭포의 부드러운 어루만짐 아래에서 내가 원하는 만큼 시간을 보내며, 나를 감싸는 그 아늑한 팔을 느낍니다. 나는 완전히 안전하며, 온전히 사랑받고 있습니다.

준비가 되면 따뜻한 햇살 속으로 걸어 나와 태양이 나를 말려주도록 내맡깁니다. 나는 상쾌하게 기운이 회복되었고 축복받았다고 느낍니다.

태양이 나의 몸속으로, 모든 기관과 모든 뼈, 모든 근육과 모든 세포 속으로 빛을 비춰주도록 허용합니다.

내가 더 건강해졌음을 느낍니다.

나의 몸과 나의 빛과 나의 사랑에게 경의를 표합니다.

나는 더욱더 살아 있다는 느낌이 듭니다. 내가 경이로운 존재로 느껴집니다.

준비가 되었으면 옷을 입고, 다시 왔던 길을 밟아 내려가면서 내가 달라졌다는 것을 느낍니다. 이제 긴장이 풀리고, 완전히 새로워지고, 상쾌해졌습니다.

당신은 이 명상을 여러 번 반복해야 할 수도 있습니다. 가로막혀서 더 나아가지 못한다고 느낄 때마다 반복해도 좋습니다. 반복할 때마다 당신은 장해물들을 놓아버리고 더욱더 맑아질 겁니다.

자기방해 멈추기

하지 않아서 후회하는 것보다는 하고 나서 후회하는 것이 더 낫다.
_폴 아덴Paul Arden, 작가

당신의 머릿속에서 쉴 새 없이 당신을 깎아내리는 부정적인 목소리가 들려오나요? 그 목소리는 '절대 동물과 의사소통할 수 없을 거야'라고 말하죠. '그게 동물의 신호인지 네가 어떻게 알아? 네가 그냥 지어내고 있는 거잖아.' 이것은 당신 내면의 비판자가 내는 목소리입니다. 이런 공격을 받으면 당연히 자신감과 자존감이 떨어지고, 이를 다시 끌어올리기는 매우 어렵습니다.

당신 내면의 비판자가 가진 의도는 당신이 가족과 사회와 문화의 규칙에 따르게 하는 겁니다. 내면의 비판자는 당신이 모든 사람에게 받아들여지는 존재이기를 원합니다. 또한 당신이 아무것도 묻지 않고 복종하기를 바라기도 하지요. 당신이 동물과 커뮤니케이션하기를 원한다면, 당신은 즉각 몇 가지 사회적 규칙을 깨야 합니다. 아마도 거기엔 당신 가족과 사회와 문화의 규칙들도 포함되겠죠. 제 부모님은 사회적인 평판이 보장된 성공적인 직업을 버리고 자신들은 전혀 가치를 두지 않는 일을 하려 하는 저를 미쳤다고 생각하셨죠. 그분들에게는 애니멀 커뮤니케이션이 무엇인지 참고해볼 사례가 없었고, 한마디로 이해하지 못했답니다.

모든 사람이 같은 프로그램을 갖고 있는 건 아니죠. 그리고 그건 괜찮습니다.

문제는 당신이 적합하지 않다고 느낄 때 생기는데, 내면의 비판자는 바로 당신이 그렇게 느끼도록 만들려고 노력합니다. 그런데 내면의 비판자가 가진 기대와 규칙에 완벽히 부합하여 사는 것은 불가능한 일이에요. 그 때문에 다시 당신은 자신이 결코 충분하지 않다는 불안감을 느끼게 되죠.

당신이 이렇게 느끼고 있다면 그런 생각을 멈추세요. 당신이 이단아라거나 반항아, 자유로운 영혼이나 괴짜로 불린다면, 당신은 월등히 뛰어난 사람이에요. 당신은 규칙을 준수하는 사람들에 비해 애니멀 커뮤니케이션이라는 경이로운 세계에 훨씬 더 쉽게 들어가게 될 거예요.

주변 사람들이 저를 미쳤다고 생각하는 것 같아도 저는 언제나 제 열정을 따라갔습니다. 시도 한 번 안 해보느니 차라리 시도해보고 실패하는 편이 낫다는 게 제 신념이었어요. 다른 누군가의 규칙과 인생 계획을 따르기에는 인생이 너무 짧으니까요.

제가 사용하는 어휘와 제 워크숍과 저의 집에서 완전히 뿌리 뽑으려 노력하는 말이 두 가지 있는데, 바로 '해야 한다'와 '하면 안 된다'랍니다. 내면의 비판자는 이런 말들을 정말 좋아합니다. 그 말들이 지닌 힘 때문이지요. 그 말들은 우리가 당장 포기하고 시도를 그만두게 만들 수 있어요. 또 관습의 압박과 순응해야 한다는 압박으로 우리 가슴이 원하지 않는 무언가를 우리에게 시킬 수도 있죠.

한 달 동안 '해야 한다' 또는 '하면 안 된다'라는 말을 절대 쓰지 말아보세요.

꾸물대며 미루는 것도 자기를 방해하는 또 하나의 방식입니다. 자존감이 낮은 사람은 자기에게 뭔가 좋은 일이 일어나면, 자기가 그걸 받을 자격이 없다고 생각하여 자기방해를 하는 경향이 많지요. 다음으로는 이걸 살펴봅시다.

자존감 회복

> 당신은 자유롭다. 당신은 강하다. 당신은 선하다. 당신은 사랑이다.
> 당신은 가치가 있다. 당신에게는 목적이 있다. 모든 게 다 좋다.
> _아브라함 힉스 Abraham Hicks, 세계적 영성가

자기방해 행동을 극복하려면, 당신 내면의 비판자에게서 떨어져 나와 그 비판자를 적보다는 친구로 만들어야 합니다. 그 방법은 그 비판의 목소리를 듣고 그것이 시행하고자 하는 규칙들을 검토하는 거예요. 그 규칙들을 평가하고 과연 타당성이 있는지 판단해보세요. 예를 들어, "너는 절대 그걸 하지 못할 거야"라는 말을 보죠. 그 목소리는 어떻게 아는 걸까요? 당신은 아직 시도도 안 해봤는데 말이죠. 이렇게 대응할 수 있겠죠. "아니야. 그건 사실이 아니야. 나는 아직 시도도 안 해봤고, 이제 나는 그 일을 한번 해보고 싶어."

그 비판자가 재잘거릴 때마다 계속해서 이 방법을 써보면, 시간이 지나면서 그 목소리가 부정적인 반대자에서 충직한 친구로 변해가는 걸 알아차리게 될 거예요. 부정적인 목소리를 휘어잡고 단호하게 다루어 그 목소리의 친구가 된다면, 그 목소리에 연료를 공급하던 근저에 깔린 나약함

의 불꽃이 꺼져버린답니다. 그러면 더 커진 자신감과 불어난 자존감으로 더 힘차게 주도권을 행사하며 스트레스 없는 삶을 살게 될 거예요. 이제 우리는 순조롭게 나아가고 있어요!

그런데 자신감은 당신이 항상 옳다는 의미는 아닙니다. 그것은 당신이 틀리는 것을 두려워하지 않는다는 뜻이죠. 후회보다는 반성을 하며 사는 게 더 낫습니다.

나에 대한 선언

나는 평범하지 않다. 나는 평범하고 싶지 않다. 나는 평범한 척하지 않는다. 나는 나다.
_작자 미상

'나는 ~이다'라고 선언할 때면 늘 조심해야 해요. 그 선언은 아주 쉽게 우리의 진실이 되어버릴 수 있기 때문이죠. 예를 들어, "나는 달리기가 형편없어"라고 했다고 합시다. 그런데 코치까지 구해 연습을 해서 엄청나게 실력이 향상되었다면, 그 말은 진실이 아니게 되는 거지요.

목표는 그림자의 측면 등 모든 면을 포함하여 "나는 지금 이 모습 그대로 완벽해"라고 말하는 지점에 도달하는 겁니다. 이것은 자기중심적인 선언이 아니에요. 당신은 나쁜 점들까지 모두 포함해 자신을 완벽하다고 선언할 수 있어요. 그것은 기본적으로 "나는 뭐가 어떻게 되었든 나 자신을 사랑해"라는 선언입니다.

제가 유독 좋아하는 나에 대한 선언은 "나는 사랑이다"랍니다. 여러분도 자신과 공명하는 선언문들을 분명 만들 수 있을 거예요. 마음에 든다면 제 선언문을 가져가도 됩니다. 나눠드릴게요.

놓아버리고 고요 얻기

제 첫 책《가슴에서 가슴으로: 동물과 이야기하는 여자가 들려주는 놀랍고도 마음 따뜻한 이야기 Heart to Heart: Incredible and heartwarming stories from the woman who talks with animals》에 실린 이야기들 중에는, 제게 두려움을 품을 필요가 없다고 가르쳐준 루비라는 비단뱀 이야기가 있답니다. 제가 그랬던 것처럼 뱀을 만나본 적도 없으면서 뱀을 무서워하는 사람이 많지요. 말라리아를 옮길까봐 모기를 두려워하는 것이 차라리 더 논리적이겠네요. 제가 처음 루비를 손으로 잡고 피부와 비늘을 맞댄 최초의 경험을 했을 때, 저는 사실 겁을 먹고 있었답니다. 루비는 제게 그 두려움을 놓아버리라고 가르쳐주었죠. 제 안에 품고 있던 두려움은 루비가 행하던 일과는 아무 관계가 없었지요. 루비는 제 손 안에서 차분하고 평화로웠습니다.

루비는 거기 있던 모든 사람에게 사람들이 뱀들을 있는 그대로 봐주기만 한다면, 그들이 얼마나 정서적이고 배려하는 존재들일 수 있는지 가르쳐주었답니다. 우리가 뱀에 대해 품고 있는 두려움은 사실 우리 자신의 두려움이 반영된 것임을 루비는 알려주었어요. 또한 우리가 깊은 사랑을 표현하고 '놓아 보낸다'는 말을 반복함으로써 공포를 놓아 보내도록 도와주었죠. 저는 제가 두려움의 진동에서 고요함의 진동으로 옮겨 가는 것을 느꼈습니다.

당신도 어떤 두려움을 품고 있다면 루비의 이야기와 다음의 확언들이 그 두려움을 놓아버리는 데 도움이 되기를 바랍니다.

☐   나는 두려움을 놓아 보낸다.

□ 나는 두려워하는 나의 모든 생각을 놓아 보낸다.

□ 나는 두려움을 놓아 보내고 방출한다.

□ 나는 두려움을 놓아 보내고 변화시킨다.

□ 나는 놓아 보내고 자유를 찾는다.

□ 나는 놓아 보내고 평화를 찾는다.

□ 나는 놓아 보내고 사랑을 찾는다.

□ 나는 놓아 보내고 나는 사랑이다.

당신 내면의 돌고래를 만나세요

> 기쁨이 말을 할 수 있다면 이렇게 말할 거예요. '나를 낳은 것은 사
> 랑'이라고.
> _루미

이 명상은 놀이를 통해 당신의 기분을 좋게 하고 힘을 불
어넣어주는 훌륭한 방법입니다. 돌고래의 에너지는 기쁨
과 즐거움으로 가득하기 때문에, 그 에너지와 연결되는 것
은 정말 멋진 일이에요.

돌고래 명상

QR
코드

조용한 장소를 찾아 눕습니다.

긴장을 풀고, 바닥에 접지하고, 자신을 고요하게 만듭니다.

침묵에 자신을 내어놓습니다.

근육들을 풀어줍니다.

그리고 호흡하세요.

의식을 나의 가슴으로 가져가 사랑과 연결합니다.

내 가슴의 사랑이 확장되면서, 사랑의 연분홍빛이 나와 나를 둘러싼 주변으로 번져가는 모습을 그려봅니다.

저 멀리서 작은 돌고래가 뛰어오르고 빙글빙글 도는 모습이 보입니다.

돌고래에 초점을 맞출수록 돌고래는 점점 더 커집니다. 크기가 더 커지며 점점 나에게 가까이 다가옵니다.

나는 돌고래의 커다란 행복을 느낄 수 있습니다.

이제 돌고래가 나에게 더 가까이 다가왔습니다. 돌고래의 입과 미소도 보이네요. 꼬리도 보이고 가슴지느러미와 등지느러미도 보입니다.

돌고래는 내게 커다란 기쁨을 나눠주고 있어요. 그 기쁨은 전

염성이 있습니다. 돌고래의 기쁨이 나의 모든 부분으로, 모든 기관, 모든 근육, 내 존재를 이루는 모든 원자로 전해지고 있음을 느낍니다.

그 기쁨은 가벼움을 품고 있습니다. 나의 기쁨이 늘어날수록 내가 점점 더 가벼워지는 걸 느끼기 시작합니다.

이제 아주 가까워서 돌고래의 얼굴을 똑바로 볼 수 있어요.

나와 돌고래는 서로 눈을 마주 보고 있습니다.

마치 시간이 멈춘 것 같습니다.

돌고래가 바라볼 때, 나는 있는 그대로 편안하고 자유롭습니다.

나는 보듬어지고 인정받는 느낌이 듭니다.

돌고래는 나를 알고 있습니다. 그리고 나도 돌고래를 알고 있죠. 둘은 다시 만난 오랜 친구, 다시 사랑 안으로 들어온 오랜 친구입니다.

나의 가슴에서 아주 커다란 기쁨이 느껴지고, 그 기쁨은 물결치듯 내 존재 전체로 퍼져나갑니다.

나는 돌고래와 하나가 된 느낌입니다.

한 가족, 한 무리, 한 몸입니다.

이제 놀 시간입니다. 청록빛 바다에 있는 나, 물속에서 숨 쉴 수 있는 나를 보세요.

돌고래가 함께 놀자고 하네요. 나와 돌고래는 함께 헤엄치며 빙빙 돌다가, 물속 깊이 내려갔다가, 기쁨에 넘쳐 물 밖으로 뛰어오릅니다.

다시 더 깊이 내려갑니다. 잎사귀 하나를 향해 누가 더 먼저 도착할지 경주를 하네요.

돌고래가 더 먼저 도착하지만, 다시 내가 그 잎사귀를 쫓을 수 있도록 잎을 멀리 보내줍니다. 나는 잎사귀를 향해 헤엄치고, 나와 함께 돌고래도 빠른 속도로 스쳐가 가슴지느러미로 잎을 받아냅니다. 정말 재미있어요!

돌고래는 내 주위를 돌며 헤엄치고, 고개를 까딱거리며 더 놀자고 합니다.

이번에는 내가 잎사귀를 잡았다가 멀리 보냅니다. 돌고래는 쏜살같이 헤엄쳐 가서 잎을 잡고는, 나에게 또 멀리 보내보라고 패스해줍니다.

계속해서 돌고래와 놉니다. 깊이 내려갔다가 뛰어오르고 빙글빙글 돌면서 기쁨과 재미를 느끼고 이 놀이를 즐깁니다.

이 특별한 시간을 만들어준 돌고래에게 감사하세요. 놀 시간을 내는 것이 얼마나 소중한 일인지, 즐거움 자체를 위한 일을 하면 얼마나 큰 기쁨이 오는지, 판에 박힌 일상과 책임과 규칙에서 한 걸음 물러서는 것이 얼마나 중요한지 상기시켜준 것에도요.

돌고래에게는 이름이 있습니다. 돌고래에게 말해보세요. "이름을 알려주겠니? 뭐라고 불리고 싶어?" 내가 다시 돌고래와 이 기쁨, 이 사랑, 이 장난스러운 느낌을 함께하며 즐겁게 놀고 싶을 때마다 그 이름을 부르면, 돌고래는 다시 다가올 겁니다.

돌고래가 알려주는 이름을 듣고 돌고래에게 감사를 표하세요.

이제 돌고래에게 작별 인사를 건네세요. 돌고래는 바다 속에서 놀게 두고, 나의 의식은 육지로, 다시 나의 몸으로, 내가 누워 있는 곳으로 가져옵니다.

내면의 돌고래와 놀았던 기억을 되새겨보세요. 그 놀이가 나에게 어떤 느낌을 주었는지, 지금 나는 어떤 느낌인지 알아차려보세요. 좀 더 가볍고, 좀 더 자유롭고, 좀 더 기쁨에 찼지요.

이 경험에 대해 감사를 표하고, 내면의 돌고래와는 내가 원하는 만큼 자주 놀 수 있다는 걸 기억하세요.

준비가 되면 의식을 내 주변 환경으로, 나의 몸으로, 손가락과 발가락으로 되돌립니다.

부드럽게 숨을 쉽니다.

준비가 되었다면 눈을 뜹니다.

스튜어트의 충고

깨달음은 파도가 자신이 바다임을 알아차릴 때 온다.
_틱 낫 한 Thich Nhat Hanh, 승려

스튜어트라는 현명한 메인쿤 고양이의 충고를 나누며 이 장을 마무리하고 싶어요. 스튜어트는 이제 저세상으로 갔지만, 저는 그가 아직 육체의 형태를 띠고 있을 때 운 좋게도 그와 그의 반려인들을 만났답니다.

첫 번째 가르침

"내가 해야 하는 게 뭐지?"라고 묻지 말고 "무엇이 나를 행복하게 할까?"라고 물어보세요. 당신의 가슴을 따르면, 당신의 영혼은 자유롭게 더 높이 날아오를 겁니다.

두 번째 가르침

지금 당신의 시선을 들어올려, 새들과 나무들과 태양과 지구에 귀 기울이세요. 이들은 당신에게 필요한 특성들을 모두 갖고 있죠. 이 특성들은 당신의 진동을 높여주고, 당신 삶을 다시 한번 여유롭게 만들어줄 거예요.

세 번째 가르침

당신에게 바꾸라고 충고하고 싶은 게 세 가지 있어요.

1. 에너지와 연결될 수 있도록 숨을 더 깊이 쉬어요.
2. 긍정적인 생각만 하세요.
3. 모든 일에서 당신의 가슴을 따르세요.

고마워, 스튜어트!

> **요약**
> - 어려운 도전들은 큰 바위 같지만, 당신은 그걸 성장과 성공으로 가는 징검다리로 바꿀 수 있답니다.
> - 연습, 인내, 끈기를 기억하세요.
> - 애니멀 커뮤니케이션이 잘 안 될 때는 태도 조정하기, 생물학 경계하기, 자애 키우기로 점검하세요.
> - 자기돌봄을 최우선 과제로 삼으세요.
> - 걱정을 놓아 보내고 변화시키세요.
> - 더 이상 당신에게 도움이 안 되는 것은 모두 깨끗이 씻어내세요.
> - 당신 내면의 돌고래, 내면의 기쁨에 연결하세요.

깊이 들어가기

> 한 나라가 얼마나 위대하고 도덕적으로 얼마나 진전했는지
> 판단하려면, 그들이 동물을 대하는 방식을 보면 된다.
>
> _마하트마 간디

저는 여러분에게 첫 단계를 알려드렸고 더 발전하도록 도
와줄 도구들도 소개했습니다. 이제 여러분에게 필요한 건
애니멀 커뮤니케이션을 연습하고 자기발전에 힘쓰는 일입
니다. 이미 기본 단계들을 숙지했고 자기의심을 관리하고
믿음과 몰입 속에서 더 많은 시간을 보내고 있다면, 아마 당
신은 자신의 앎을 더 확장할 준비가 되었다고 느낄 거예요.

정원에 있는 생명체들

당신이 여덟 번 이상 커뮤니케이션을 완수했고 이제 꽤

자신감이 생겼다고 느낀다면, 당신의 정원이나 주변에 있는 동물에게도 손을 내밀어볼 수 있을 겁니다. 그들에 대해서는 사실 여부를 확인하는 것이 거의 불가능할지도 모르지만, 그래도 재미있는 경험일 거예요.

새·곤충과 커뮤니케이션하기

이 연습은 제한된 사고의 틀에서 벗어나는 연습 정도로 가볍게 여깁니다.

준비하기와 커뮤니케이션의 다섯 단계를 똑같이 적용한 다음, 주변의 새들과 곤충들에게 그들이 흥미로워할 것 같은 질문을 건네보세요. 다음과 같은 질문들을 해볼 수 있어요.

- 노래할 때는 어떤 느낌이 드니?
- 어디서 잠을 자니?
- 좋아하는 음식은 뭐야?
- 즐거워하는 일은 뭐니?
- 사람들에게 전해주고 싶은 메시지가 있니?
- 애니멀 커뮤니케이션을 더 잘 하려면 어떻게 해야 하니?

당신이 처음 받은 인상을 받아들이고 적어둔 다음, 그 동물의 반응을 바탕으로 애니멀 커뮤니케이션을 합니다. 한 번에 몇 분만 연습하고, 더 긴 대화를 위해서는 천천히 단계적으로 넘어가세요. 항상 마무리할 때는 분리 의식을 행합니다.

애니멀 커뮤니케이션의 중급 단계

다음으로는 바디스캐닝Body scanning과 게슈탈트Gestalt, 리모트뷰잉Remote viewing이라는 중급 주제들을 살펴볼 겁니다. 여기서는 가볍게만 다룰게요.

바디스캐닝

동물의 몸이 어떻게 느끼고 있는지에 관해, 마치 공항의 전신스캐너처럼 감지하고 정보를 받아들이는 법을 배우는 겁니다. 그래서 '바디스캔'이라고 하죠.

게슈탈트

당신의 의식을 당신 자신의 몸에서 동물의 몸으로 옮겨

가는 법을 배우는 겁니다. 미지의 깊은 바다 속 영역을 탐사하기 위해 육지를 떠나 잠수함에 타는 것과 약간 비슷합니다. 그래요. 꼭 그런 건 아니죠. 하지만 제가 무슨 말을 하는 건지 여러분도 아마 알 거예요.

리모트뷰잉

이것이 애니멀 커뮤니케이션에서도 사용되는 기술이라는 건 몰랐을 거예요. 이것은 멀리 떨어져 있거나 보이지 않는 대상에 관한 인상들(색깔, 소리, 냄새, 맛, 질감 등)을 구하는 실행법입니다.

사라진 동물 추적하기

리모트뷰잉은 사라진 동물을 추적하는 방법을 배울 때 가장 유용하며, 게슈탈트와 당신이 이 책에서 배운 기본적 커뮤니케이션 기술들과 더불어 사용할 때 최고의 효과를 발휘합니다. 한 가지 기술에만 의지하기보다는 이 모든 기술을 함께 활용해야 당신의 동물이 어디에 있는지, 아직 자기 몸속에 있는지, 저세상으로 갔는지, 그리고 가능하다면 당신이 어떻게 그들과 다시 만날 수 있는지를 알아낼 가능성이 가장 커지죠.

저는 여러분이 애니멀 커뮤니케이션을 한 단계 더 진전시킬 준비가 되었을 때에 대비해 이 세 가지 방법에 관한 중급 워크숍을 실시합니다. 저의 첫 책《가슴에서 가슴으로》에는 지하에 갇혀 있었던 개의 사례를 포함하여 제가 이 기술들을 사용하여 사라진 동물을 찾아낸 몇 가지 흥미로운 예들이 실려 있어요.

당신의 동물이 행방불명되었다면, 제 웹사이트에 있는 '잃어버린 동물Lost Animal' 안내를 찾아보세요. 거기에는 제가 고객들에게 소개하는 시각화 방법들도 포함되어 있는데, 도움이 될 겁니다. 추적하는 것은 가장 어렵고 매우 복잡한 기술이니, 이것이 잘 되지 않는다고 해서 너무 자신을 나무라지는 마세요. 당신의 동물을 찾을 수 있도록 그들과 커뮤니케이션을 시도해보세요. 하지만 그런 경우에는 당신의 감정이 매우 북받쳐 있을 수 있으니, 도움이 더 필요하다고 느껴지면 전문 애니멀 커뮤니케이터와 상의해볼 것을 권합니다.

에너지에 대한 민감성 키우기

에너지 민감성을 키우는 방법은 아주 많고 그에 관한 책들도 무수히 나와 있으니, 제게 효과가 있었던 몇 가지만 여러분과 나누려고 합니다.

레이키

예전에 저는 모건이 제가 레이키靈氣, Reiki를 배우도록 안내한다고 느꼈고, 지금은 레이키 마스터입니다. 레이키는 1922년에 일본의 불자 우스이 미카오臼井甕男가 창시한 대체의학이지요. 누구에게나 도움이 될 수 있는 자연적인 치유 시스템으로, 육체적·영적·정신적·감정적 차원 등 모든 차원에서 작동합니다. 레이키는 에너지에 대한 민감성을 높이는 데도 도움이 되며, 당신 자신과 당신의 동물을 위한 치유 양식으로 사용할 수도 있습니다. 모두에게 득이 되는 것이지요!

초능력 혹은 직관의 개발

초기에 애니멀 커뮤니케이션 워크숍들에 참가하면서 저

는 몇 가지 용어를 온전히 이해할 수가 없었습니다. 그래서 차크라와 아우라 같은 주제들에 대해 더 깊이 알기 위해 런던에 있는 초능력연구칼리지College of Psychic Studies에 다녔답니다. 여러분도 이런 분야에 관심이 있다면 주변이나 온라인에서 관련 지식을 얻을 수 있는 코스를 찾아볼 수 있을 거예요. 그리고 돌고 돌아 저는 초능력연구칼리지에 객원강사로 초대받았고, 거기서 애니멀 커뮤니케이션을 가르치기 시작했지요. 인생이 우리를 어디로 데리고 가는지를 보고 있으면 참 재미있어요.

명상 수업

현재 순간에 깨어 있기가 어렵거나 마음을 차분히 가라앉히기 힘들다면, 정기적인 명상 수업을 활용해 명상을 습관으로 만들어보세요. 음성 안내를 따라하는 유도 명상은 당신 자신을 더 깊은 수준에서 이해하는 데에도 도움이 됩니다. 때로는 단체로 하면 더 쉽게 할 수 있어요. 마음이 맞는 사람들을 만나 서로 힘이 되어줄 수도 있지요. 아주 다양한 유형의 명상이 있으니 찾아서 시도해보세요.

유익한 수행법

징소리 목욕

개인적으로 저는 이 수행법을 정말 좋아한답니다. 정화와 치유에 아주 효과가 크다고 생각해요. 내면의 장해물들을 제거하는 데도 도움이 되고요. 명칭과는 달리 욕조에 들어가거나 물에 젖는 것은 아니에요. 주로 당신은 바닥에 누워 있고 누군가 징을 두드리면, 그 소리가 당신 몸 전체를 훑고 통과하며 씻어냅니다. 징소리로 목욕을 하는 셈이죠.

징소리 목욕을 몇 차례 해본 뒤에 저는 징을 연주하는 사람들 사이에 기술의 차이가 있다는 걸 알게 되었어요. 그러니 처음 해보고 마음에 들지 않았다면, 다른 사람이 두드리는 징소리로 다시 시도해보세요. 모든 징소리 목욕이 같은 건 아니니까요.

제단 만들기

당신에게 개인적으로 커다란 의미를 지니는 당신 동물의 사진이나 조약돌, 크리스탈, 나뭇잎이나 깃털 등을 모아 제단을 마련해두는 것도 좋습니다. 그곳은 초점과 조화의 장소로, 그 앞에 앉아 명상을 하거나 커뮤니케이션을 할 수도 있습니다.

의식 행하기

의식儀式은 내면에서 일어난 사건을 견고화하도록 도와주는 상징적인 이벤트입니다. 초나 향을 켜는 것, 특정한 동작을 하는 것, 노래를 하거나 음률을 흥얼거리는 것, 물건들을 무리지어 놓는 것, 특정한 옷을 입는 것, 만트라 외우기, 춤추기, 특정 물건을 의식의 한 부분으로 사용하기처럼 간단한 일입니다. 어떤 것이 되었든 신중하고 주의 깊게 행해야 합니다. 시작하기 전에 의식을 행하는 분명한 목적과 이유가 있어야 합니다.

동물과 커뮤니케이션을 하기 전에 개인적인 의식을 만들어보세요. 예를 들어, 저는 워크숍에서 수업을 하기 전에 항상 의식을 행합니다. 정해둔 반복적 행동이라고 말할 수도 있겠지요. 우선 방 안에 앉아 레이키로 때로는 향을 피워 공간을 정화하고, 축복을 올리며, 동물에게 그날의 수업에서 저를 도와주고 지도해줄 것을 요청합니다. 또 제 동물의 사진도 곁에 놓아두지요.

애니멀 커뮤니케이션의 상급 단계

동물의 죽음

당신이 동물과 함께하는 삶을 살고 있다면, 어느 시점엔가 그들을 떠나보내야 하는 일은 피할 수 없지요. 그 일은 어떤 사람들에게 어마어마한 슬픔을 안기고, 심지어 부모나 형제자매, 가까운 친구를 잃은 것보다 더 큰 트라우마를 남기기도 합니다. 동물이 주는 무조건적인 사랑의 힘이 그만큼 큰 것이죠. 동물의 죽음 뒤에 우리가 '내가 제대로 한 것인가?' '죽으면 동물에게는 어떤 일이 일어나는 걸까?' '그 친구가 내게 다시 올까?'라는 식의 의문을 갖게 되는 것은 반려인으로서 당연한 일입니다. 우리는 어마어마한 슬픔에 잠기는데, 동물에 대한 애도를 무의미하게 여기는 사회의 경향은 우리를 더 힘들게 하지요.

이 주제는 모건과 제게 무척 중요했기 때문에, 우리는 이에 관해《애니멀 커뮤니케이터가 알려주는 삶, 상실, 사랑에 대한 안내The Animal Communicator's Guide Through Life, Loss and Love》라는 책도 함께 썼답니다. 당신이 고통 완화 치료를 하고 있거나 사랑하는 존재를 잃었거나 애도하고 있다면, 당신을 돕기 위한 수단으로 그 책을 추천합니다. 또한 동물을 잃고 슬퍼하는 사람을 걱정하고 있을 때도 도움이 될 겁니다. 이 주제에 관해 '삶, 상실 그리고 사랑'이라는 제목의 워크숍도 진행하고 있습니다.

환생

'삶, 상실 그리고 사랑' 워크숍에서는 동물이 환생에 대한 자신들의 시각을 제시해줍니다. 저는 저세상으로 건너간 많은 동물과 커뮤니케이션을 하고 그들의 메시지를 반려인들에게 전달해주었습니다. 그쪽에 계속 머물기로 선택한 동물도 있고 다른 곳에서 환생하기를 선택하거나 아무 결정도 내리지 못한 동물도 있었지만, 소수는 어떤 형태로든 자신이 방금 떠난 사람들에게로 다시 돌아오기로 결정했습니다. 왜 그랬을까요? 그건 또 한 권의 책으로 써야 할 만한 이야기네요.

또 한 가지 여러분에게 전하고 싶은 말이 있는데, 아마 여러분에게도 도움이 될 겁니다. 저는 사람을 위한 천국과 동물을 위한 천국이 따로 있다는 생각에는 절대 동의하지 않습니다. 말도 안 되는 소리예요! 사람은 물과 산소와 빈 공간으로 이루어져 있어요. 우리는 동물계에 속한 다른 모든 동물과 똑같아요. 일단 우리가 이 육체라는 껍질을 벗고 흙으로 돌아가면, 위계가 존재한다는 믿음은 에고와 우월감이 빚어낸 것임을 알게 되지요.

우리의 치유자이자 스승인 동물

동물은 사람의 삶을 바꿔놓지요. 그런데 여러분은 왜 그런지 생각해본 적이 있나요? 저는 우리가 동물에게 끌리는 많은 이유 중 하나가, 위대한 가르침을 부드럽고 자애로운 방식으로 전해줄 수 있는 능력을 그들이 갖고 있기 때문이라고 믿습니다. 많은 사람이 제게 그들의 반려동물이 자신들에게 미친 심오한 영향에 관한 이야기를 들려주었습니다. 동물은 심지어 생명을 구하기도 했지요. 삶을 끝내려는 생각을 하고 있을 때, 동물이 그 어두운 절망 속에서 자신을 끄집어내주었다는 이야기를 들려준 사람도 있었어요.

때때로 동물은 아주 명백한 방식으로 우리를 계속 살아가게 해줍니다. 그들에게 먹을 것을 주고 산책을 시키기 위해 우리는 아침에 일어나야 하니까요. 그들이 우리를 살리는 다른 방식들도 있습니다. 그들이 우리에게 몸을 기대오고, 우리의 눈을 들여다보고, 발 하나를 우리의 몸에 올려놓고, 우리 어깨에 걸터앉고, 우리 곁에서 익살을 떨며 우리를 웃게 만드는 것이 우리의 가슴을 치유하고 삶을 더 살 만한 것으로 만들어주는 거죠. 어떤 고양이들은 우리의 가슴 부근에 제 몸을 걸치고 가르릉거리기도 하지요. 어떤 개들은 우리 눈에 어린 눈물을 핥고 우리 무릎에 머리를 살짝 얹어놓습니다. 《말리와 나Marley and Me》에서처럼요.[29] 말들은 고개를 숙여 머리로 우리를 안아줍니다. 동물에게는 그들이 마음을 쓰는 사람에게, 그리고 때로는 낯선 사람에게도 깊은 연민과 친절함을 표현할 줄 아는 능력이 있습니다.

우리가 동물을 그렇게 사랑하는 또 하나의 이유는 그들이 우리를 '보기' 때문입니다. 그들은 우리를 압니다. 우리가 둘러친 베일 너머의 우리를 보고, 깊은 곳에서 우리의 생각에, 감정에, 불안에 연결합니다. 그리고 동물은 우리를 보고 우리를 알면서도 우리를 받아들입니다. 받아들여진다는 것은 사람에게 매우 중요합니다. 그것은 우리가 괜찮다는 확인이니까요. 혹은 더 단순한 표현으로, 그것은 우리가 너무나 갈망하는 "사랑해"라는 말과도 같죠. 인간은 기본적으로 불안한 존재여서, 자신이 받아들여지고 무조건적 사랑을 받는다는 느낌을 잘 허용하지 못하니까요.

또한 동물은 우리에게 자연을 더 잘 인식하게 하고 자연과 더 연결되게 함으로써 우리를 치유합니다. 당신이 개를 산책시키거나 말과 외출을 한다면, 당신을 둘러싼 세계의 소리와 냄새에 대한 통찰을 얻게 될지도 몰라요. 거미줄에 맺힌 이슬의 아름다움도 볼 수 있게 됩니다.

간단히 말해서, 동물은 우리에게 놀도록, 믿도록, 사랑하도록, 균형 잡힌 존재가 되도록, 현재에 깨어 있도록, 밝아지도록, 빨리 용서하도록, 기뻐하도록, 자연계와의 관계를 돈독히 하도록, 우리 자신과 다른 존재들을 존중하도록 가르칩니다.

힘을 주는 동물

동물은 우리의 영적인 스승이 될 수도 있습니다. 여러분도 더 심화된 단계로 진전하면, 자신의 안내자인 '힘의 동물power animal'을 알아보고 그들과 커뮤니케이션할 수 있습니다. 저는 '힘을 주는 동물Empowering Animal'이라는 워크숍에서 이 주제에 관해서도 가르치고 있습니다. 궁극적으로 그 동물이 하는 일이 바로 그것, 우리에게 힘을 주는 것이기 때문이죠. 그들은 우리 삶 속에 있는 동물일 수도 있지만, 우리가 사랑했지만 이미 저세상으로 간 동물이거나 개미나 참새, 양이나 다람쥐 같은 동물일 수도 있답니다.

야생동물의 지혜

해마다 저는 사람들을 이끌고 국제 야생동물 커뮤니케이션 리트릿International Wild Animal Communication Retreats을 떠납니다. 거기서 그 사람들은 돌고래나 혹등고래, 바다거북, 쥐가오리, 회색곰, 범고래처럼 그때까지 한 번도 만나보지 못했을 동물과 커뮤니케이션하는 것을 배우지요. 이렇게 자연 서식지에서 한 경험은 사람들에게 야생동물과 깊은 연결을 형성해주고, 커뮤니케이션을 통해 그들의 지혜와 안내를 받을 수 있는 멋진 기회를 선사합니다.

또한 야생동물은 자신의 종에 관한 의식을 높여가고 있고, 자신들에게 배우고 있는 그 사람들이 미래에 동물 대사가 될 것임을 믿으며, 그들이 존중과 연민을 품고 자신의 종에 대해 이야기하여 인류 전체에 파급 효과를 만들어나갈 것임을 알고 있습니다. 이러한 리트릿은 심오한 변화를 불러오는 경험입니다. 이를 너무나 귀하게 여겨 해마다 함께하는 참가자들도 있답니다.

11개어나 사랑을 뿌려요

> 친절함에는 돈이 들지 않는다. 사방 곳곳에 뿌리자.
> _작자 미상

인간 의식은 변화하고, 사람은 더욱 연결되고 자각하려는 욕구를 갖고 있습니다. 동물을 사랑하는 사람은 동물과 더 가까운 연결을 지음으로써 그 욕구를 충족시키지요. 애니멀 커뮤니케이션에 대한 관심도 제가 처음 그것을 발견했던 2004년 이후로 계속 많아지고 있고요.

동물은 우리를 자연으로 데려나가고 환경을 향해 우리의 가슴을 열어줍니다. 그 속에서 우리는 각자 개개인이 어머니 지구와 지구에 살고 있는 모든 존재를 보살피고 보존해야 할 책임을 지니고 있다는 걸 깨닫게 되지요. 인간의 선택들이 야생동물과 지구에 어떤 영향을 미치고 있는지 직접 자기 눈으로 목격하면, 더 이상 무관심한 태도를 취하는 건 불가능해집니다.

상어는 알아요

지구의 생명은 바닷속 생명에 달려 있다.
_롭 스튜어트 Rob Stewart, 환경보호활동가

상어는 4억 년 이상 지구에서 살아왔습니다. 공룡보다 1억 년 더 앞선 것으로, 그때는 육지에 갓 생명이 나타나기 시작한 시기지요. 지금 우리는 생물이 바다에서부터 진화해 왔음을 알고 있습니다. 최초의 동물이었던 작은 단세포 생물에서 조류와 산호, 플랑크톤이 생겨났죠. 기본적으로 바다는 모든 생명이 의존하는 아주 작은 플랑크톤에 이르기까지 지구 생물의 생명 유지 장치라고 할 수 있습니다. 해양 생물학자인 보리스 웜 Boris Worm은 "우리는 포식자가 근본적으로 생태계의 구조와 기능을 조절하고 있다는 사실을 알고 있다"라고 말했지요.[30] 바다에서 포식자란 상어를 의미합니다.

미국의 한 정치가는 상어를 증오한다고 선언했는데, 아마도 그 이유는 상어보다 탄산음료가 더 많은 사람을 죽인다는 사실이나, 상어가 생명의 균형을 유지한다는 사실, 상어가 없이는 인간이 살 수 없다는 사실을 몰랐기 때문일 겁니다.

매년 사람의 목숨을 앗아가는 수: 상어 8명, 교통사고 120만 명, 기아 800만 명.[31]

사람이 상어 때문에 죽을 확률보다 번개에 맞아 죽을 확률이 75배 더 높다는 사실을 아시나요? 그러나 인간이 상어를 죽이는 경우는 사정이 상당히 다릅니다.

매년 인간이 목숨을 앗아가는 상어의 수: 1억 마리(2억7천3백만 마리일 가능성이 더 높음). 인간은 시간당 상어를 1만 1,417마리씩 죽입니다.[32]

마지막으로 퀴즈 하나 낼게요. 4억 년 동안 변함없이 유지되고, 지구상의 생명 대부분을 쓸어버린 대대적인 다섯 차례의 멸종 위기에도 살아남은 유일한 종은 무엇일까요?

맞습니다. 상어입니다. 분명 상어는 우리보다 더 많이 알고 있어요. 눈을 번쩍 뜨이게 해줄 롭 스튜어트의 다큐멘터리 영화 《샤크워터 Sharkwater》를 한번 보시기 바랍니다.[33]

우리 지구는 혹한과 폭서, 홍수, 가뭄 등을 통해, 하나의 종으로서 우리 인간이 그 외 다른 존재에 대한 사랑과 배려를 더 키워야 한다는 것을 알려주고 있습니다. 미국 기후평가보고서에 따르면, "지구온난화의 제일 큰 원인은 인간의 영향"이며[34] "2000년부터 2009년까지는 적어도 지난 1,300년간의 다른 어느 10년보다 온도가 높았다"고 합니다.[35] 얼음이 녹고 있어요. 바다는 플라스틱과 독성물질로 가득차고 있죠. 인간이 하는 행동 때문에 인간 이외의 종들이 멸종하고 있습니다. 인간의 생존은 다른 모든 종에게 의지하고 있다는 사실을 반드시 기억해야 합니다. 이제 염려를 행동으로 옮길 때가 되었습니다. 행동이야말로 절망을 극복하는 가장 좋은 방법이죠.

미래는 자애로운 가슴에 있어요

> 질문이 무엇이든, 답은 사랑입니다.
> _웨인 다이어

당신은 어쩌면 지구온난화와 멸종하는 종들이 애니멀 커뮤니케이션과 무슨 상관이 있는지 의아해하고 있을지도 모릅니다. 하지만 그것은 모두 연결되어 있고, 동물은 자기가 먹고 싶은 것이나 새로운 산책 돌보미에 대해 어떻게 느끼는지만 전하는 것이 아닙니다. 그들은 지구를 걱정하고 있어요. 집에서 함께 사는 동물과 정원에서 사는 동물과 동물원의 동물, 자연 서식지에 사는 야생동물까지 모두가 우리 인간이 자연계에 입힌 손상에 대해 잘 알고 있습니다. 그들은 자신이 속한 종과 다른 종들에 대해 걱정하며, 우리도 걱정하기를 바라고 있어요.

동물은 우리가 사랑을 행동으로 옮기기를 원합니다

> 우리는 순응하는 사람보다는 확신하는 사람, 사회적으로 존중받는 사람보다는 도덕적으로 고결한 사람이 되어야 합니다.
> _마틴 루서 킹

이런 점이야말로 바로 지금 애니멀 커뮤니케이션이 이렇게 빠른 속도로 확산되고 있는 이유라고 확신합니다. 사람들은 수 세기 동안 동물과 커뮤니케이션을 해왔으니, 그것은 새로운 일이 아니죠. 그러나 지금은 그 어느 때보다 애니멀 커뮤니케이션이 필요한 시기입니다. 고양이가 자기가 원하는 쿠션을 얻게 하기 위해서가 아니라, 인간 이외의 동물이 우리 인간을 다시 우리의 가슴과 연결시켜 더 사랑하는 존재들이 되도록 북돋아주기 위해서 말입니다.

우리 인간은 너무나 자기중심적인 종이 되어버려서, 우리가 우주의 중심이고 우주는 우리를 중심으로 돈다고 생각합니다. 우리가 플라스틱 빨대를 사용하고 플라스틱 면봉을 쓰며, 비닐봉지를 사용하고 연승어업延繩漁業 °으로 잡은 생선을 살 때, 멸종에 기여하며 우리 자신의 삶을 지탱해주는 생태계의 균형을 무너뜨리고 있다는 사실을 알아차려야 합니다.

- 긴 밧줄인 연승 longlilne에 수천 개의 낚시 줄을 매달고 그 끝에 미끼를 매달아 고기를 낚아 올리는 어업 방식으로, 주로 남태평양 수역에서 학꽁치나 다랑어, 고등어 따위의 어업에 사용한다. 국제 환경보호 단체 그린피스에 따르면, 현재 연승어업은 여기서 사용되는 연승이 최대 170km에 이를 정도로 대규모 방식으로 어업이 이루어지는데, 문제는 이 방식이 청새치, 상어, 바다거북, 바닷새 등 수많은 해양 생물종을 해친다고 한다. 실제로 연승어업은 매년 바다거북 약 30만 마리, 바닷새 약 16만 마리를 죽이고 있다.

기술 발전의 속도가 점점 빨라지고 새로운 것은 더 새로운 것에 밀려나면서, 우리는 소비자로서의 탐욕·자기중심성·자존감 결여로 인해 중요한 것을 보지 못하고 삶의 모든 답은 사물을 중심으로 나온다고 믿게 되었죠. 어떤 면에서는 맞는 말입니다. 우리가 무엇을 소비하느냐가 중요하니까요. 영장류학자 제인 구달Jane Goodall은 우리가 모두 소비자임을 상기시켜줍니다. "하나의 집단으로서 우리는 선택의 자유를 행사하고, 무엇을 사고 무엇을 사지 않을지 선택함으로써 사업과 산업의 윤리를 바꿀 힘을 갖고 있습니다. 우리에게는 선을 위해 막강한 힘을 행사할 잠재력이 있는 것이죠."[36]

이제 정신 차리고 부조리와 게으름에서 빠져나올 때가 되었습니다. 우리가 자연계의 일부임을 이해하고 스스로 그 일부가 되어, 의식적인 선택을 해야 합니다. 더 이상 저 어딘가에 있는 '그들'에게만 맡겨두지 말고 개개인이 책임을 떠맡아야 해요. 그것은 애니멀 커뮤니케이터가 되어가는 과정에서 함께 따라오는 책임들이기도 하지요.

우리는 공존하는 의식의 존재입니다

> 당신은 아직도 모른다는 말인가? 세상을 밝히는 빛이 당신의 빛이
> 라는 것을….
> _루미

기술 발전의 경이로움에 관해 이야기하며 이 책을 시작했
습니다. 기술 발전은 특별한 일들을 해낼 수 있지만, 우리
를 우리의 가슴속 공간과 연결해주지는 못합니다. 그 공간
은 우리가 모든 살아 있는 존재와 가장 깊은 곳에서 연결
되어 있다는 것을 상기시켜주고 그 연결을 탐색할 수 있
는 곳인 사랑의 자아이지요. 동물은 우리가 자연계와, 우
리 모두 안에 그리고 우리 모두를 둘러싸고 존재하는 영
적인 힘에 다시 연결 짓도록 도와줄 수 있답니다.

저는 동물이 영성의 더 높은 앎으로 우리를 안내하는 관
문이라고 믿습니다. 인간은 많은 것을 엉망으로 만들어놓
았지만, 동물은 해결책을 알고 있지요. 그들과 커뮤니케이
션하는 법을 배움으로써 우리는 모든 생명의 보호자이자
수호자라는 역할을 맡은, 더욱 사랑 가득한 종, 보살피는
종이 될 수 있어요.

저는 여러분에게 동물을 위한 메신저가 될 것을 요청합

니다. 그리하여 동물에 대한 인식을 높이는 데 기여하고, 동물의 현명한 안내에 귀 기울이며, 동물의 직감이라는 진실을 나누는, 당신의 사랑 가득한 가슴 한가운데서 시작되는 긍정적인 파급 효과를 일으키라고 이야기하고 싶습니다.

연민 가득한 세상은 당신과 함께 시작됩니다. 사랑을 행동으로 옮기세요.

이 책을 마무리하며 모든 동물을 축복합니다.

동물을 위한 축복

모든 존재가 행복하기를.

모든 존재가 자유롭기를.

모든 존재가 기쁨을 알기를.

모든 존재가 사랑을 알기를.

당신은 사랑입니다.

나는 사랑입니다.

우리는 사랑입니다.

당신과 나, 우리는 사랑입니다.

모두가 사랑과 같기를.

- 다음으로 넘어갈 만한 주제로는 바디스캐닝, 게슈탈트, 리모 트뷰잉 등이 있습니다.

- 레이키, 초능력 또는 직관의 개발, 명상을 활용해 더욱 앞으로 나아갈 수 있습니다.

- 징소리 목욕, 제단 만들기, 의식 행하기 등이 유익한 수행이 될 수 있습니다.

- 더 심화된 주제들로는 '동물의 상실' '환생' '치유자와 스승으로서의 동물' '힘을 주는 동물' '야생동물의 지혜' 등이 있습니다.

- 사랑 가득한 세상은 당신과 함께 시작됩니다. 사랑을 행동으로 옮기세요.

윤리 지침

아래의 윤리 지침들은 애니멀 커뮤니케이션의 초보자
들을 위한 것으로, 페넬로프 스미스Penelope Smith의 '종
간 커뮤니케이터들의 윤리 강령 Code of Ethics for Interspecies
Communicators'을 바탕으로 한 것입니다.[37]

□ 우리를 움직이는 힘은 모든 존재에 대한 사랑과, 모든 종이
   서로 더 잘 이해하도록 돕고 싶은 바람, 특히 다른 종들과
   직접적이고 자유롭게 커뮤니케이션할 수 있는 능력을 잃어
   버린 사람들에게 그 능력을 되찾아주고 싶은 바람입니다.

□ 우리는 우리에게 도움을 구하러 온 사람들을 존중합니다.
   그들의 실수나 오해 때문에 그들을 비판하거나 비난하거나
   무시하지 않으며, 변화와 조화를 바라는 그들의 마음을 존
   중합니다.

□ 이 일을 가능한 한 순수하고 조화롭게 유지하려면, 우리가
   계속 영적으로 성장해야 한다는 것을 압니다.

□ 텔레파시 커뮤니케이션은 우리 자신의 충족되지 않은 감
   정, 비판적 판단, 그리고 자신과 다른 이들에 대한 사랑의

결여로 흐려지거나 막힌다는 것을 압니다.

□ 우리는 다른 존재(사람과 동물 모두)의 커뮤니케이션을 이 해할 때, 우리가 범한 착오를 알아차리고 바로잡으며 겸손 하게 행할 수 있습니다.

□ 우리는 사랑과 존중, 기쁨과 조화로써 우리의 일을 효과적 으로 해내는 데 필요한 모든 교육과 개인적 도움을 받습 니다.

□ 우리는 모든 이에게서 최선의 것을 이끌어내려 노력합니다.

□ 우리는 도움을 요청받은 곳에만 갑니다. 그래야 그들이 수 용적인 마음을 갖고 우리의 도움을 진정으로 받아들일 수 있습니다.

□ 우리는 다른 존재들의 감정과 생각을 존중하며, 종들 사이 의 상호 이해를 위해 일합니다.

□ 우리는 우리가 바꿀 수 없는 것들을 인정하며, 우리가 가장 효과를 낼 수 있는 곳에서 하던 일을 계속해 나갑니다.

□ 우리는 사람들 및 우리가 커뮤니케이션하는 동물의 사생활 을 존중하며, 비밀 유지에 대한 그들의 바람을 존중합니다.

□ 우리는 돕는 일에 최선을 다하며, 다른 사람들의 존엄을 존중하고, 그들이 자신의 반려동물을 도울 수 있도록 돕습

니다.

☐ 우리는 다른 사람들이 우리의 능력에 의존하게 하기보다 그들의 이해와 능력을 키워줍니다.

☐ 우리는 사람들에게 다른 종들을 이해하고 그들과 함께 성장하는 일에 참여할 여러 가지 기회를 제공합니다.

☐ 우리는 우리의 한계를 인정하고, 필요할 때는 다른 전문가들의 도움을 구합니다. 병을 진단하고 치료하는 것은 우리가 하는 일이 아니며, 신체적 질병의 진단을 원하는 사람들은 수의사에게 보냅니다.

☐ 우리는 동물이 지닌 생각과 감정, 고통과 증상을 그들이 묘사하는 대로 또는 우리가 느끼거나 지각한 대로 전달합니다. 이것은 수의학 전문가들에게 도움이 될 수도 있습니다.

☐ 종들 사이에서 이루어지는 모든 경험의 목적은 모든 존재 간의 더 깊은 커뮤니케이션과 조화, 사랑, 이해, 교감입니다.

☐ 우리는 우리의 가슴을 따르며, 하나로서의 모든 존재의 영혼과 생명을 존중합니다.

실행 지침

기대를 관리하세요

실행에 대한 사례 연구를 요청할 때는 당신이 애니멀 커뮤니케이션 초보자이며 항상 맞는 것은 아니라는 것, 그 정보는 확인을 위해 필요하다는 것, 동물의 반려인은 그 동물의 삶의 질에 관해 잘 파악하고 있어야 한다는 것을 솔직하게 말하고 시작합니다.

동물을 존중하세요

커뮤니케이션을 실제로 행할 때 중요한 것은 당신의 기술을 향상시키는 것만이 아니라는 것, 언제나 제일 중요한 것은 그 동물이라는 것을 쉽게 잊어버릴 수 있습니다. 그들에게 합당한 존중을 보여주고, 그들이 당신을 돕는 일에 관심이 없다면 그만둡니다.

반려인을 존중하세요

커뮤니케이션을 실행할 때 당신에게는 언제나 반려인에게 힘을 실어주어야 할 책임이 있으며, 그들이 현재 알고 있는 수준이나 수단을 기준으로 그들을 폄하하거나 무시해서는 안 된다는 것을 기억합니다.

당신의 책임을 기억하세요

윈스턴 처칠이 "위대함의 대가는 책임이다"라고 말했지요. 당신의 반려동물과 커뮤니케이션하거나 사례 연구를 위해 친구의 반려동물과 커뮤니케이션할 때, 초점은 항상 종들 사이의 이해를 증진하는 일과 동물을 위한 최고선에 둡니다. 애니멀 커뮤니케이션은 통제의 방법으로 사용되어서는 절대 안 됩니다.

애니멀 커뮤니케이션의 메신저가 되세요

처음 시작할 때라도 당신은 애니멀 커뮤니케이션의 메신저라는 역할, 가장 진실하고 가장 윤리적이며 가장 깊은 사랑을 품은 형식으로서 애니멀 커뮤니케이션을 제시해야 하는 역할을 지니고 있습니다. 이기적 이득을 취하거나 잘못된 방법을 씀으로써, 애니멀 커뮤니케이션에 대한 평판과 사랑을 담아 애니멀 커뮤니케이션을 행하는 모든 사람의 평판을 해치지 않도록 유념해야 합니다.

참고 자료

읽어볼 만한 책

Lawrence Anthony, *The Elephant Whisperer*, Sidgwick & Jackson, 2009

———, *The Last Rhinos*, Sidgwick & Jackson, 2012

J. Allen Boone, *Kinship with All Life*, Harper & Row, 2005

Jane Goodall, *Reason for Hope*, Grand Central Publishing, 1999 (제인 구달,《희망의 이유》, 박순영 옮김, 궁리, 2011)

Allen M. Schoen, *Kindred Spirits*, Broadway Books, 2001 (앨런 쇼엔,《닮은 꼴 영혼》, 이충호 옮김, 에피소드, 2003)

Lynne McTaggart, *The Field*, HarperCollins, 2001 (린 맥태거트,《필드》, 이충호 옮김, 김영사, 2016)

Michael Talbot, *The Holographic Universe*, Grafton Books, 1991 (마

이클 탤보트, 《홀로그램 우주》, 이균형 옮김, 정신세계사, 1999)

Linda Tucker, *Saving the White Lions*, North Atlantic Books, 2013

Rosamund Young, *The Secret Life of Cows*, Faber and Faber, 2017
　　(로저먼드 영, 《소의 비밀스러운 삶》, 홍한별 옮김, 양철북,
　　2018)

영화/다큐멘터리

Jill Robinson: To the Moon and Back, dir. and writer, Andrew
　　Tellinger, Orange Planet Pictures, 2017

Sharkwater, dir. and writer, Rob Stewart, SW Productions,
　　Diatribe Pictures, Sharkwater Productions, 2006

Blackfish, Gabriela Couperthwaite, Eli Despres, Tim Zimmer-
　　mann, dir. Gabriela Couperthwaite, Manny O Productions,
　　2013

The Cove, Mark Monroe, dir. Louie Psihoyos, Participant Media,
　　2009

Cowspiracy, dir. and writers, Kip Andersen, Keegan Kuhn,
　　IndieGoGo, 2014

An Inconvenient Truth, Al Gore, dir. Davis Guggenheim, Lawrence
　　Bender Productions, Participant Productions, 2006

감사의 말

가족이란 어떤 존재인가요? 제게 가족이란 저와 가장 크게 공명하는 존재들입니다. 성공에 대한 어떠한 확신이 없어도 그들은 항상 "한번 해봐" "네 열정을 따라가" "꼭 시도해봐. 어떤 결과가 나올지 어떻게 알겠어" 하고 말해주죠. 거기다 제일 중요한 말, "나는 널 믿어"라는 말도 덧붙입니다.

20년이 넘도록 저를 응원해준 한 여인이 있습니다. 조 타운Jo Town, 제가 이 여정을 가는 동안 당신이 보내준 모든 사랑과 격려에 가슴 깊이 감사드립니다.

계속 저를 믿어주고 무조건적 사랑을 보여주는 어머니 메리Mary에게도 큰 사랑과 감사를 보냅니다.

제 동료들에게 감사를 전합니다. 제인 하그리브스Jane Hargreaves, 벨린다 라이트Belinda Wright, 로라 스콧Laura Scott과 로저 시몬즈Roger Simonsz, 그리고 우리가 함께 세상을 흔들 수 있고, 영화로운 생명들의 삶에 변화를 만들어낼 수 있다는 믿음으로 제 손을 잡아주고 가슴과 가슴을 연결해준 전 세계의 아름다운 동물 메신저들에게 감사를 전합니다.

또 전략적으로 적절한 시간에 나타나 저를 북돋아주고 때때로 이 책에 쓸 내용들에 대해 말해준 공저자 텍사스, 그리고 제가 이 책을 쓰는 동안 저세상에서 계속 격려해주고 지지해준 내 친구 보디, 곁에 없어도 결코 멀리 있지 않은 모건에게도 감사를 보냅니다. 그리고 루마니아에서 운 좋게 탈출하여 공포와 불안의 주파수를 신뢰와 사랑으로 바꾸는 것에 관해 많은 걸 가르쳐주고 있는 그레이스에게도 감사합니다.

그리고 제게 너무나 많은 것을 가르쳐준 제가 만난 모든 동물에게 감사를 전합니다. 그리고 저를 믿고 자신의 동물을 맡겨준 모든 반려인과 동물에 대한 사랑에 이끌려 제 워크숍에 참석했던 모든 분에게도 감사드립니다. 여러분과 애니멀 커뮤니케이션에 관해 나눌 수 있었던 것은 정말 감사한 기회였습니다.

또 이 책의 기획자인 에이미 키버드Amy Kiberd와 편집자이자 친구인 리지 헨리Lizzie Henry, 그리고 보이지 않는 곳에서 힘을 모아 제 이야기를 책으로 만들어준 헤이하우스 UK의 모든 능력자에게도 진심으로 감사의 말을 전합니다. 독자 여러분에게 영감과 힘을 불어넣는 것이 우리 모두의 바람이었기 때문에 이 책이 나올 수 있었습니다.

그리고 마지막 감사는 이 책을 통해 애니멀 커뮤니케이션의 세계로 들어와준 독자 여러분에게 돌립니다. 여러분이 경험하는 모든 커뮤니케이션은 우리가 동물과 자연계와 맺고 있는 깊은 관계를 회복하는 데 도움이 될 겁니다. 축복합니다. 나마스테.

출처

애니멀 커뮤니케이션이란 무엇인가요?

1   https://www.survivalinternational.org/tribes/aboriginals

2   The Cambridge Declaration on Consciousness: http://
     fcmconference.org/img/CambridgeDeclarationOnConsciou
     sness.pdf

애니멀 커뮤니케션이 정말 가능한가요?

3   Phillip Hamrick, Jarrad A. G. Lum and Michael T. Ullman,
     'Child first language and adult second language are both
     tied to general-purpose learning systems', *Proceedings of
     the National Academy of Sciences*, Jan. 2018, 201713975; DOI:
     10.1073/pnas.1713975115; http://www.pnas.org/content/

early/2018/01/25/1713975115

4   Rupert Sheldrake, *Dogs That Know When Their Owners
     Are Coming Home: And other unexplained powers of animals*,
     Hutchinson, 1999; new edition, Arrow, 2011

5   Mark Leary, 'Don't beat yourself up: learning to be kind
     to yourself when you inevitably make mistakes could have
     a remarkable effect on your happiness', https://aeon.co/
     essays/learning-to-be-kind-to-yourself-hasremarkable-
     benefits

6   Abraham Tesser, Department of Psychology, University of
     Georgia, Athens, Georgia, http://journals.sagepub.com/
     doi/pdf/10.1111/1467-8721.00117

7   Heidi A. Wayment, PhD, and Jack J. Bauer, PhD, *Transcending
     Self-Interest: Psychological explorations of the quiet ego*, American
     Psychological Association, 2008

8   Lynne McTaggart, *The Field: The quest for the secretforce of the
     universe*, HarperCollins, 2001 (린 맥태거트, 《필드》, 이충호 옮
     김, 김영사, 2016)

애니멀 커뮤니케이션은 어떻게 이루어지나요?

9 Sophy Burnham, *The Art of Intuition: Cultivating your inner wisdom*, Jeremy P. Tarcher/Penguin, 2011

10 Enhancing Intuitive Decision Making Through Implicit Learning programme: http://www.researchgate.net/publication/281503122_Enhancing_Intuitive_Decision_Making_Through_Implicit_Learning

11 C. G. Jung, http://www.cgjungpage.org

12 Virko Kask, http://www.perzonality.com

13 Michael D. Gershon, *The Second Brain: The scientific basis of gut instinct and a ground breaking new understanding of nervous disorders of the stomach and intestine*, HarperCollins, 1998 (마이클 거숀, 《제2의 뇌》, 김홍표 옮김, 지식을만드는지식, 2013)

14 'Reflecting on Another's Mind', https://www.uzh.ch/cmsssl/suz/dam/jcr:ffffffff-fad3-547b-ffffffffa698c225/10.4_miller_05.pdf, and Dr Christian Keysers, https://nin.nl/about-us/the-organisation/team/christian-keysers

15 *Moment* app, http://inthemoment.io

16 Annette Bolte, Thomas Goschke, Julius Kuhl, 'Emotion and intuition: effects of positive and negative mood on implicit judgments of semantic coherence', *Psychological Science* 14(5), 4162; http://journals.sagepub.com/doi/

abs/10.1111/1467-9280.01456

17 We Love Elephants, https://www.youtube.com/
    watch?v=J9WW3QbOgQA

18 Elaine Thompson, Sound Therapy UK: http://www.
    soundtherapyuk.com

19 Dr Masaru Emoto's research: http://www.masaruemoto.
    net/english/water-crystal.html

20 David R. Hawkins, MD, PhD, *Power vs Force: The hidden
    determinants of human behaviour*, Veritas Publishing, 1995; Hay
    House, 2014 (데이비드 호킨스, 《의식 혁명》, 백영미 옮김, 판
    미동, 2011)

연결하기

21 Professor Marius Usher's research: https://www.
    zmescience.com/research/studies/decision-makingintuition-
    accurate-42433

효과적으로 커뮤니케이션하기

22 The HeartMath Institute, 'Coherence: A State of Optimal Function'; https://www.heartmath.org/programs/emwave-self-regulation-technology-theoretical-basis

23 The HeartMath Institute, 'The Heart and Emotions', https://www.heartmath.org/articles-of-the-heart/science-of-the-heart/the-energetic-heart-is-unfolding

24 BBC series *Blue Planet 2*, https://www.amazon.co.uk/Blue-Planet-DVD-David-Attenborough/dp/B0758QDMC5

25 Cherokee legend, Two Wolves, http://www.firstpeople.us/FP-Html-Legends/TwoWolves-Cherokee.html

문제 해결하기

26 R. D. Enright and the Human Development Study Group, 'The Moral Development of Forgiveness' in W. Kurtines and J. Gewirtz (eds), *Handbook of Moral Behavior and development*, Vol. I, pp.1232, Erlbaum, 1991

27 J. H. Hebl and R. D. Enright, 'Forgiveness as a psycho-therapeutic goal with elderly females', *Psychotherapy* 30 (1993), 65867

28 The National Science Foundation, https://www.nsf.gov

깊이 들어가기

29 John Grogan, *Marley and Me: Life and love with the world's worst dog*, William Morrow, 2005 (존 그로건, 《말리와 나》, 이창희 옮김, 세종서적, 2009)

30 Dr Boris Worm, http://wormlab.biology.dal.ca/project/global-marine-biodiversity-causes-consequencesconservation

31 Human deaths by sharks: http://www.trackingsharks.com/2016-record-number-of-shark-attacks-bites

32 Shark deaths by humans: http://www.greenpeace.org.au/blog/shark-attack/#.WnTJZrjeCRs

33 Rob Stewart, *Sharkwater*, SW Productions, Diatribe Pictures, Sharkwater Productions, 2006

34 The National Climate Assessment, https://nca2014.globalchange.gov/highlights/report-findings/ourchanging-climate

35 The National Climate Assessment, https://www.nrdc.org/stories/are-effects-global-warming-really-bad

36 Dr Jane Goodall: http://www.janegoodall.org.uk

윤리 지침

37 Penelope Smith, Anima Mundi Incorporated, https://www.animaltalk.net